著者简介

维尔吉妮·阿拉德基迪（Virginie Aladjidi）

法国著名童书策划人，先后为法国著名儿童出版社巴亚和蒂埃里玛尼耶工作。

策划编撰的书籍曾获得 2005 年安纳马斯童书大奖，2008 年宝贝文学奖，2013 年比利时利比利特奖等。

艾玛纽埃尔·楚克瑞尔（Emmanuelle Tchoukriel）

法国专业科学插画家，精准的笔法以及 19 世纪博物学家的画风，

使得树木、昆虫、动物和人文奇观都栩栩如生、跃然纸上。

图书在版编目（CIP）数据
动物在哪里？/（法）维尔吉妮·阿拉德基迪文；（法）艾玛纽埃尔·楚克瑞尔图；孙娟译；
浪花朵朵童书编译. — 北京：北京联合出版公司，2017.2
ISBN 978-7-5502-9791-3

Ⅰ.①动…　Ⅱ.①维…②艾…③孙…④浪…　Ⅲ.①动物－儿童读物　Ⅳ.①Q95-49

中国版本图书馆CIP数据核字（2017）第045947号

动物在哪里?
文：[法]维尔吉妮·阿拉德基迪
图：[法]艾玛纽埃尔·楚克瑞尔
译：孙　娟
编译：浪花朵朵童书
选题策划：北京浪花朵朵文化传播有限公司
出版统筹：吴兴元
责任编辑：夏应鹏
特约编辑：梁　燕
营销推广：ONEBOOK
装帧制造：墨白空间

北京联合出版公司出版
（北京市西城区德外大街 83 号楼 9 层　100088）
北京盛通印刷股份有限公司印刷　新华书店经销
字数 40 千字　650 毫米 × 1000 毫米　1/8　14 印张
2017 年 6 月第 1 版　2017 年 6 月第 1 次印刷
ISBN 978-7-5502-9791-3
定价：88.00 元

后浪

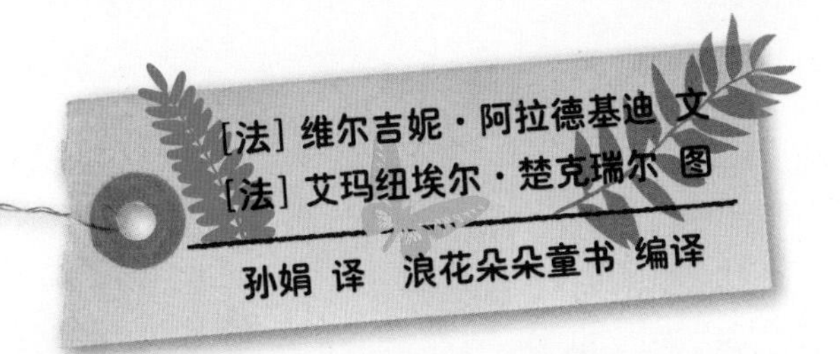
[法] 维尔吉妮·阿拉德基迪 文
[法] 艾玛纽埃尔·楚克瑞尔 图
孙娟 译 浪花朵朵童书 编译

动物在哪里？

北京联合出版公司
Beijing United Publishing Co.,Ltd.

目 录

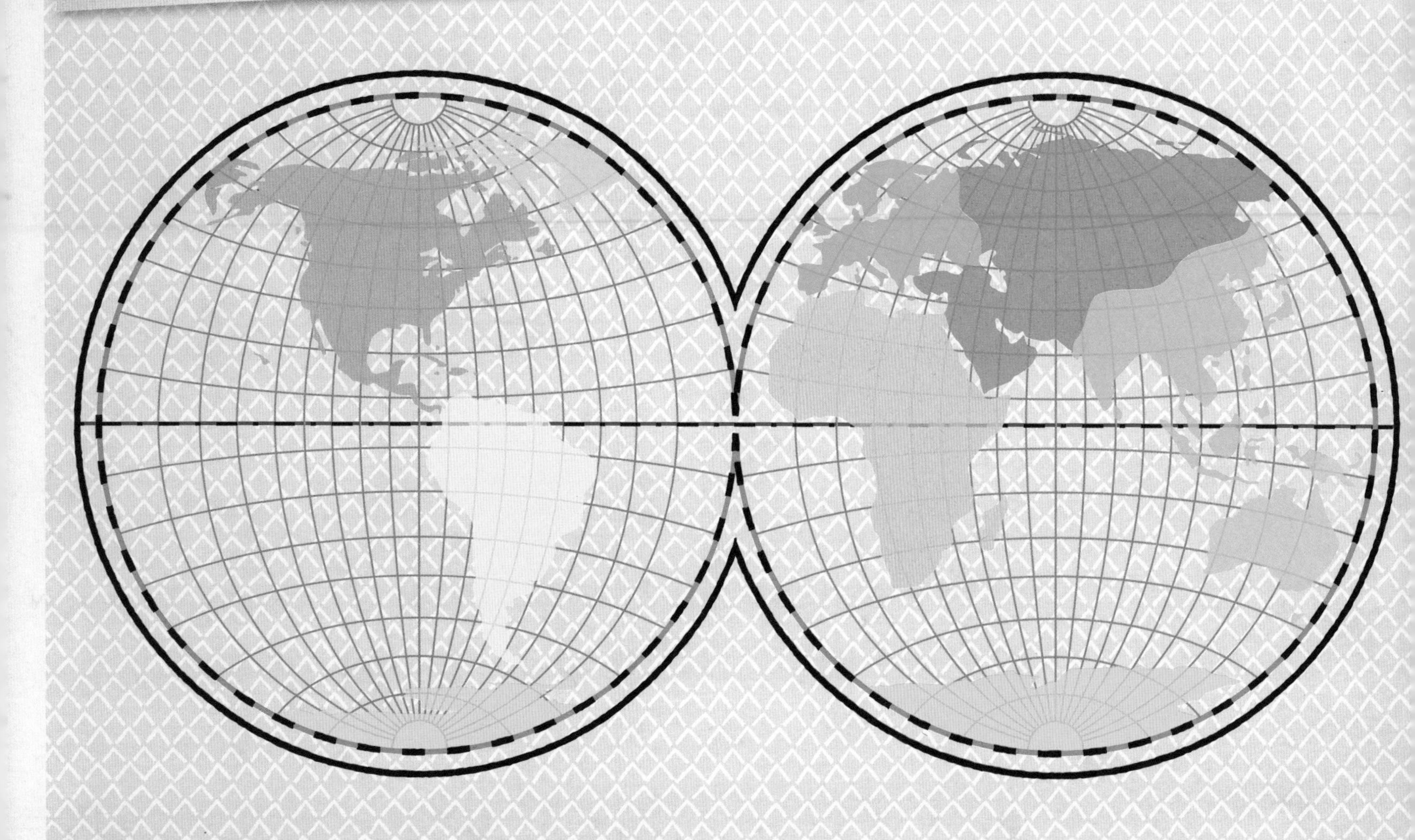

北美洲

南美洲

大洋洲

北极地区

南极洲

概述

每个年龄阶段的孩子都喜爱动物。在科学家们迄今已统计分类的 120 万种地球动物中，《动物在哪里？》选取了其中约 240 种，包括哺乳类、鸟类、节肢类、爬行类、鱼类以及软体动物等。

在这本书里，世界七大洲及北极地区的动物都按以下三种分类方法来介绍：

——陆地动物

——空中动物

——水中动物（包括海洋动物与淡水动物）

艾玛纽埃尔·楚克瑞尔，医学与科学领域的专业插画家，为本书精心绘制地图与动物插图。她首先用黑色绘图笔勾勒出动物的轮廓，然后再用水彩上色，增强图画的色彩和亮度。

维尔吉妮·阿拉德基迪，喜欢向孩子们介绍从大自然到绘画等各类主题，擅长激发孩子们的兴趣。在每个章节中，她选取了部分具有代表性的动物并对这些动物进行了简单的介绍。

很久以前……

地球上的五块大陆并不是现在的这个样子。在漫长的岁月中，陆地不断地分裂又重组。18 亿年前，世界上只存在一个超级大陆。10 亿年前，这个超级大陆分裂成了八个部分。2.8 亿年前（即二叠纪时期），所有的大陆又重新融合成了一个超级大陆，名叫盘古大陆。

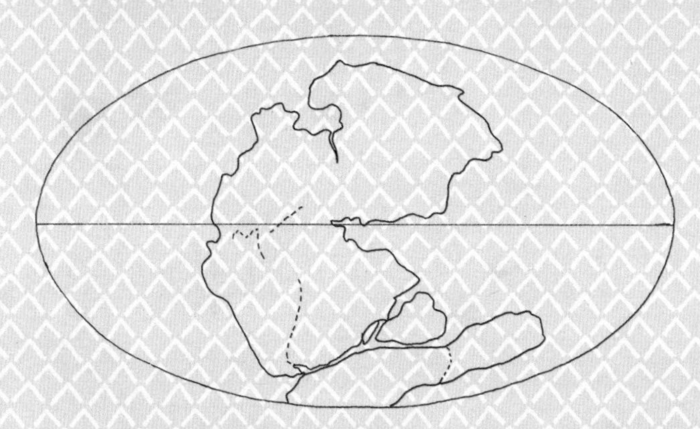

三叠纪晚期（约 2 亿年前），盘古大陆因北美洲与非洲之间的断裂而被一分为二，形成了两个大陆：冈瓦纳大陆与劳亚大陆。

科学家们在不同的大陆上发现了相同的化石，这说明了这些大陆曾经是连为一体的。例如，在非洲与南美洲都发现了犬颌兽（哺乳动物的祖先）的化石。

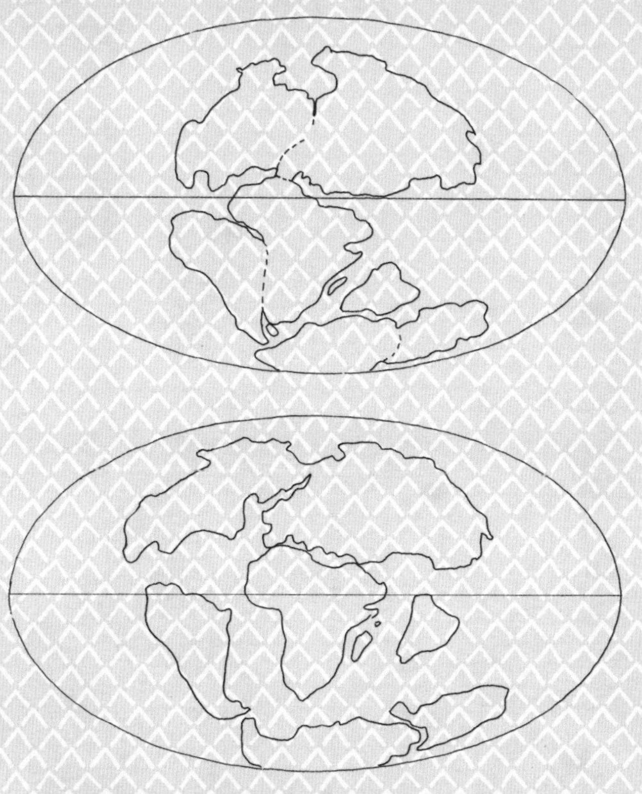

从 1.35 亿年前开始，分裂运动不断扩大，逐渐形成了五块大陆。

渐渐地，地球上出现了动物

2.3 亿年前，出现了矮小的恐龙；2 亿年前，出现了哺乳动物；1.5 亿年前，出现了鸟类。在随后的几百万年间，有些物种诞生了，有些物种却消失了；还有些动物基本没有进化。例如，从 4 亿年前至今，鹦鹉螺的外形几乎毫无变化。

6500 万年前，恐龙从地球上消失了；17 世纪末，渡渡鸟灭绝了；2000 年，野生弯角剑羚灭绝了，目前只剩下人工饲养的了；2011 年，东部美洲狮被宣布正式灭绝。现在，濒临灭绝的动物共有 2 万多种，占全部动物种类的 1.7%。

现存的动物与它们的栖息环境

每种动物都有各自偏爱的栖息环境，以满足觅食、调节体温、生存以及繁衍后代等需求。在每个生态系统中，动物、植物与环境之间是相互依赖的。

五彩金刚鹦鹉喜欢炎热的热带雨林，驼鹿喜欢寒冷的森林，北极熊喜欢浮冰……

有些动物是地方特有物种：它们只生活在一个地方，例如马达加斯加岛上的环尾狐猴。

有些动物在几个大洲都有分布。它们要么自己迁徙到类似的栖息环境，要么由人类自愿或意外地引入。

为了避免多次重复，我们只在 2 张或 3 张不同的地图上来介绍同一种动物。比如说，麻雀几乎遍布各大洲，但它只编入了南美洲这一章中。如此一来，读者可以了解到更多种类的动物。

（书中图片不完全按实物比例绘制。）

生活在草原上或林地中的动物

草原主要分布在远离赤道的温带地区。因缺少天然的栖息场所，生活在草原上的动物们需要在地面挖掘洞穴。

穴兔生活在欧洲与大洋洲的大草原上。

牧草茂盛的地区有利于发展畜牧业，例如饲养奶牛。

生活在阔叶林里的动物

这些动物栖息在气候温暖湿润且靠近海洋的地区。这里四季分明：秋天，树叶凋落；春天，万物复苏。

野猪在吃橡树的果实。

生活在泰加森林*里的动物

生活在温带寒冷地区泰加森林里的动物长有厚厚的毛皮，有的具有冬眠的习惯。

* 泛指北部山区的森林，特别是云杉和冷杉一类的针叶林。

獾生活在欧洲与亚洲温带地区的针叶林和泰加森林里。

生活在极地和苔原地区的动物

北极的苔原地区几乎不长树木，但在没有冰层覆盖的地方仍有一些矮小灌木、苔藓和地衣。食草动物以这些植物为生，食肉动物则捕食食草动物。

在严寒时期，旅鼠等动物会前往苔原地区觅食。

生活在山区的动物

在寒冷、多风的气候条件下，山里岩石上的植被更少了。动物们需要长途跋涉才能找到为数不多的植物或捕获到猎物。有些动物索性进入冬眠状态，等待植被茂密的春天到来。

雪豹，一种生活在高山地区的猫科动物，主要捕食野兔与旱獭(tǎ)。

生活在潮湿热带雨林地区的动物

分布在赤道附近的热带雨林林木茂密，有些树木的高度可达 50 米。在热带雨林里，生活着各种各样的动物。

生活在热带稀树草原地区的动物

在热带稀树草原地区，只有夏季才会下雨，因而树木稀少。植被主要是较高的草类及分布稀疏的树木。在热带稀树草原地区，食草动物与食肉动物都有分布，例如斑马与狮子。

黑白领狐猴是马达加斯加岛上特有的一种小型狐猴，可为旅人蕉传粉。

热带稀树草原主要分布于非洲，那里生长着猴面包树，瘤牛常在树的附近吃草。

生活在沙漠或荒漠地区的动物

沙漠地区几乎从不下雨，因而植被非常稀少。在炎热或寒冷的干燥荒漠地区（如海拔 1000 米的戈壁），尽管气候非常恶劣，依然生活着许多动物。

在非洲的沙漠里，生活着狐獴与耳廓狐。

温暖海域的海底世界：珊瑚、海鱼、海蛇……

生活在海洋里的动物

海洋约占地球表面积的 71%。在海洋世界里，生活着各种各样的动物。有些生活在温暖或寒冷的水域，有些生活在海岸附近，有些生活在潮间带（即最高潮位和最低潮位之间的海岸），还有些生活在公海区域（远离海岸的海域）。动物们根据自己的摄食习性生活在从海洋表层到黑暗冰冷的深海（2000 米深）的不同深度。

南方皇家信天翁可长时间地飞翔，也善于游泳：它的羽毛具有防水性，脚上长有蹼。这些海鸟为了产卵每年返回陆地一次。

现在，一起去探索各个大洲，天空、陆地、海洋、湖泊里的动物世界吧！

欧洲
陆地动物
马鹿
阿登马
huān
獾
西欧刺猬
岩羚羊
穴兔
欧亚红松鼠
野猪
miǎn
非洲冕豪猪

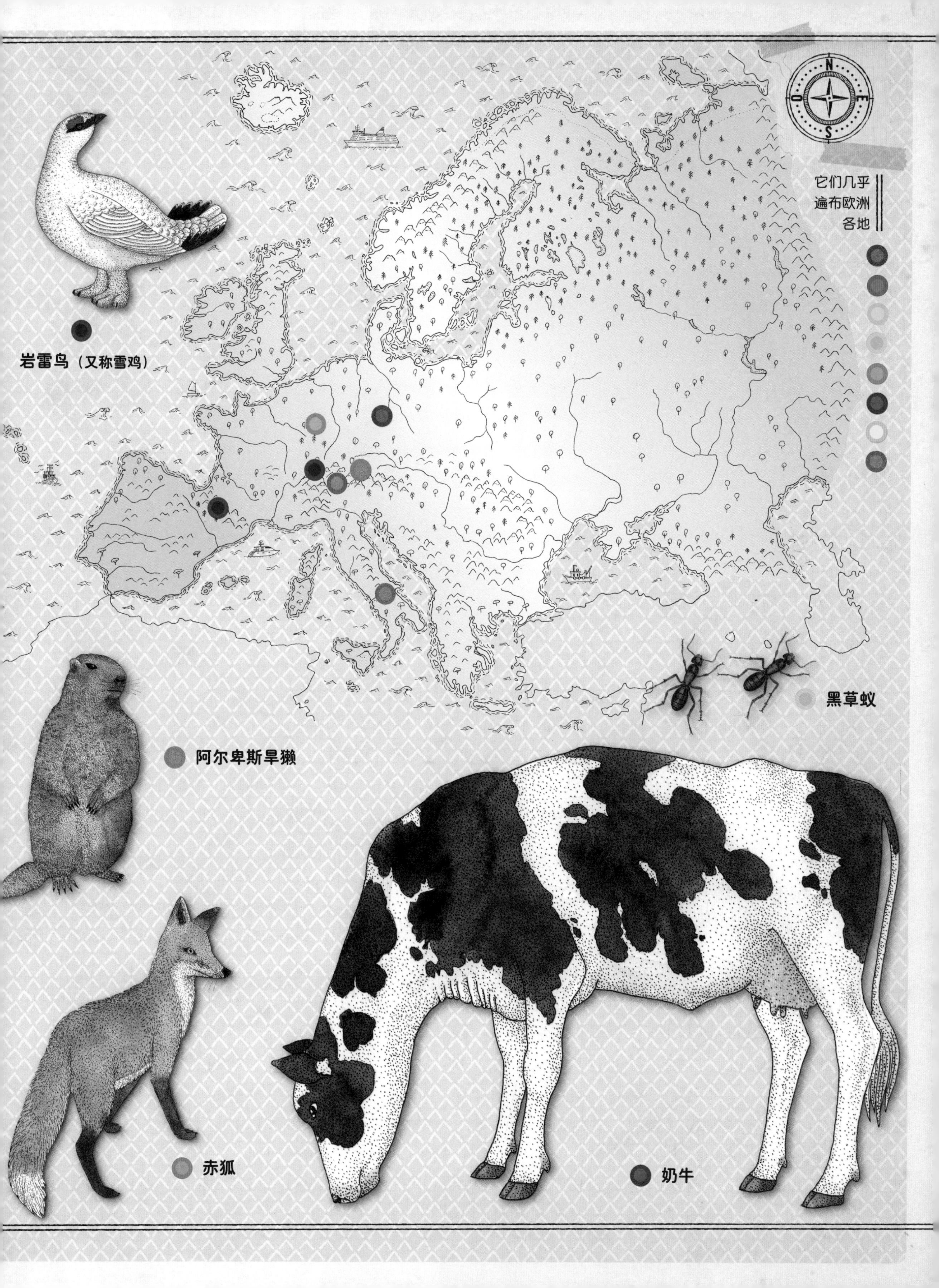

N
E
S
O
它们几乎
遍布欧洲
各地
岩雷鸟（又称雪鸡）
黑草蚁
阿尔卑斯旱獭
赤狐
奶牛

欧洲

陆地动物

獾

拉丁学名：Meles meles
纲：哺乳纲

獾的脸部具有黑白相间的条纹，为杂食性动物：以蘑菇、啮齿类动物、两栖类动物及昆虫为食。蛇的毒液对它毫无影响！擅长用爪子在地上挖掘洞穴，洞穴的入口多达 30 处，可供多个群体、好几代獾共同居住。

马鹿

拉丁学名：Cervus elaphus
纲：哺乳纲

马鹿是密林之王。雄性马鹿的身体夏天呈褐色，冬天呈灰棕色，头上长有一对分叉的角。马鹿的体型不如它的美洲近亲驯鹿高大。（另请参见第 27 页和第 38 页。）

阿登马

拉丁学名：Equus caballus
纲：哺乳纲

阿登马骨骼粗壮，四肢厚实，曾被罗马军队用作战马来进攻高卢，后又被拿破仑用来拉火炮。阿登马的身体呈红棕色，鬃毛为黑色。现在已被驯养，常被用来协助拖拉物品的工作。

西欧刺猬

拉丁学名：Erinaceus europaeus
纲：哺乳纲

西欧刺猬为夜间活动的食虫动物，嘴巴尖而长，常在公园里或灌木丛中觅食蜘蛛、昆虫及其幼虫。遇到危险时，它会竖起 7000 根硬刺来保护自己。

岩雷鸟（又称雪鸡）

拉丁学名：Lagopus mutus
纲：鸟纲

岩雷鸟属鸡形目*，体型矮胖，夏天身体呈灰棕色，冬天身体呈白色。脚爪非常特别：强壮结实且长有羽毛，可在山里的雪地上用作“滑雪板”。（另请参见第 98 页。）

* 鸟纲中的一个目，包含鸡、鹌鹑、孔雀等。

岩羚羊

拉丁学名：Rupicapra rupicapra
纲：哺乳纲

岩羚羊头上长有一对向后弯曲的角，它机智敏捷，善于攀登山地，可在岩石之间跳跃。跳跃的长度可达 6 米，高度可达 2 米。岩羚羊的蹄子内部柔韧性强，有助于安全着地。夏天，它以山里的花草为食；冬天，则吃林中的地衣和嫩芽。

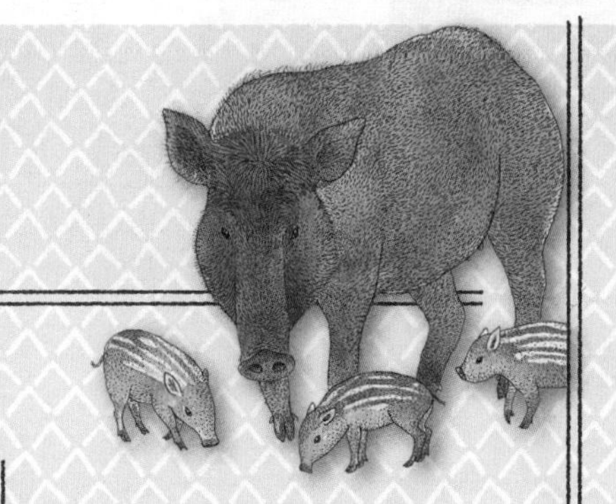

野猪

拉丁学名：Sus scrofa
纲：哺乳纲

野猪是家猪的祖先。它的身躯呈酒桶形状，脚细而长，头大眼小，嘴长似圆锥体，是分布最广的陆地哺乳动物之一。栖息环境比较多样。（另请参见第 38 页和第 86 页。）

欧亚红松鼠

拉丁学名：Sciurus vulgaris
纲：哺乳纲

欧亚红松鼠为独居性啮齿类动物，身手敏捷，善于攀爬，主要以地上或树上的坚果（特别是榛子）、嫩芽、鸟蛋以及种子为食。进食时，它用前爪将食物送入嘴巴。它那毛茸茸的大尾巴和身子一样长。冬天时，它的耳朵也会长绒毛。

穴兔

拉丁学名：Oryctolagus cuniculus
纲：哺乳纲

穴兔是一种生活在大草原上的群居性动物，善于挖掘洞穴而居。它的头部可旋转 180°，因而可以自己清洁身体。它的门牙会不停地生长。（另请参见第 86 页。）

阿尔卑斯旱獭

拉丁学名：Marmota marmota
纲：哺乳纲

阿尔卑斯旱獭是一种体型较大的啮齿类动物，长有四颗持续生长的长门牙，只在自己洞穴附近活动。它常在山区的草地与土堆之间迅速奔跑。会竖起身体侦察险情，遇险则发出鸣叫声。

非洲冕豪猪

拉丁学名：Hystrix cristata
纲：哺乳纲

非洲冕豪猪为体型较大的啮齿类动物，生活在山区或荒漠地带，白天待在洞穴里，晚上才出来活动。为了寻觅树根、昆虫、蜥蜴、青蛙等食物，它每晚可行走 15 千米。遇到危险时，它会用背上的倒刺进行抵抗。这种动物原产于非洲，是由罗马人带到意大利的。

赤狐

拉丁学名：Vulpes vulpes
纲：哺乳纲

赤狐体型修长，尾毛浓密，白天和晚上都会出来活动。捕食的时候，它一跃而起，迅速抓住田鼠或兔子，然后带往安全的地方慢慢品尝。它也吃鸟蛋、水果以及腐屑食物。无论在城市还是在乡村，赤狐都能快速适应。

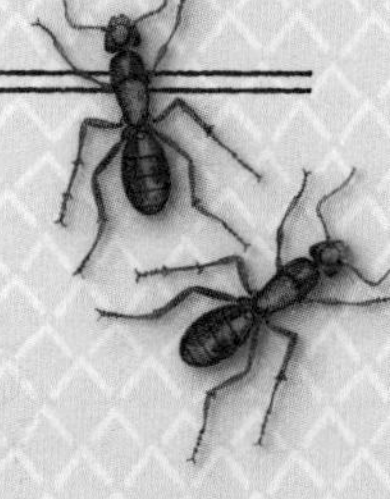

黑草蚁

拉丁学名：Lasius fuliginosus
纲：昆虫纲

黑草蚁将泥土、废旧木材与分泌物混在一起后在树干或树桩里筑巢。它们饲养蚜虫以取食蜜露（蚜虫所分泌的一种含糖液体），还会循着同伴的气味进行移动。

奶牛

拉丁学名：Bos taurus
纲：哺乳纲

饲养奶牛可获取牛奶或牛肉。在法国，共有 1900 万头牛（包括奶牛、公牛、肉牛等不同种类）。

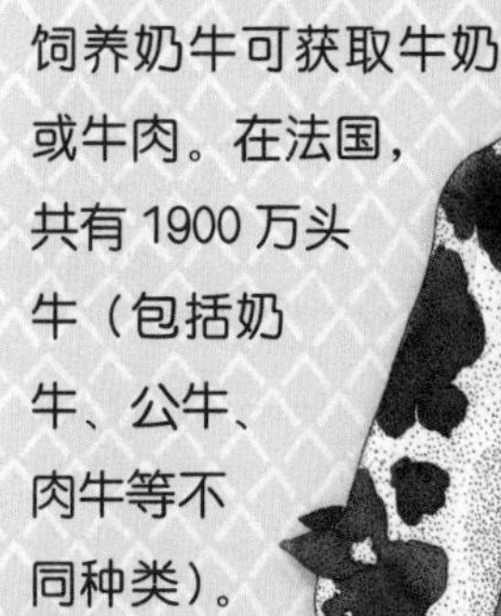

欧洲
空中动物
大斑凤头鹃
普通翠鸟
大黑背鸥
家燕
dōng
乌鸫
水鼠耳蝠
蓝山雀
lì yù
蛎鹬

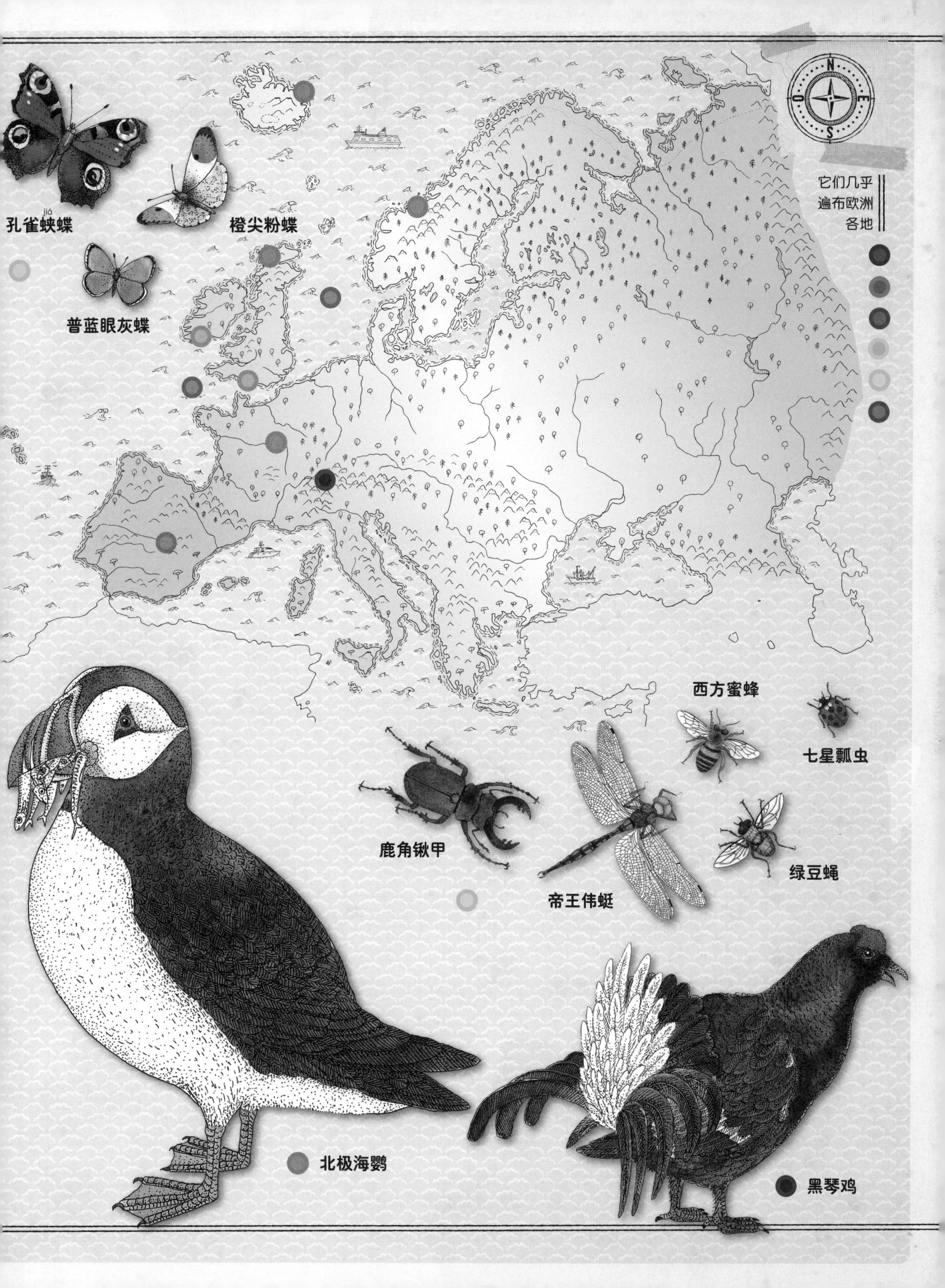

孔雀蛱蝶
jiá
橙尖粉蝶
普蓝眼灰蝶
它们几乎
遍布欧洲
各地
N
E
S
O
西方蜜蜂
七星瓢虫
鹿角锹甲
绿豆蝇
帝王伟蜓
北极海鹦
黑琴鸡

欧洲

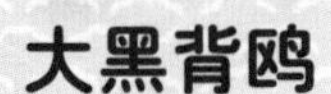

空中动物

大斑凤头鹃

拉丁学名：Clamator glandarius
纲：鸟纲

大斑凤头鹃为候鸟。它有时翘着尾巴在地上跳跃，有时拍着翅膀飞来飞去。与大多数杜鹃科的鸟类一样，也寄生于其他鸟类的巢穴之中。会优先选择乌鸦或喜鹊的巢穴，因为它们的幼鸟叫声相似。大斑凤头鹃是一种肉食性鸟类，主要以昆虫、软体动物以及小型哺乳动物为食。这种鸟类在非洲也有分布。（另请参见第 55 页。）

普通翠鸟

拉丁学名：Alcedo atthis
纲：鸟纲

普通翠鸟为小型鸟类，全身羽毛呈亮钴蓝色与红棕色，栖息在清澈且水浅的淡水水域附近。在捕食的时候，翠鸟将翅膀往后伸展，扎入水中捕到鱼后带回岸上，再将鱼摔打死后整条吞食。这种翠鸟在南亚地区也有分布。（另请参见第 42 页。）

大黑背鸥

拉丁学名：Larus marinus
纲：鸟纲

大黑背鸥是体型最大的海鸥（体长可达 80 厘米，翼展可达 180 厘米），生活在大西洋的北部地区。可通过黑色的翅膀、白色的身体、黄色的喙以及粉色的爪子等特征来识别这种鸟类。大黑背鸥在海里或岸上觅食。

家燕

拉丁学名：Hirundo rustica
纲：鸟纲

家燕用泥与植物（稻草、青草）来筑巢，并铺上羽毛使巢穴变得更加柔软。每年九月底，在繁衍后代后，法国的家燕会成群结队地飞过地中海与撒哈拉沙漠，最后在非洲大陆落脚。（另请参见第 30 页和第 55 页。）

北极海鹦

拉丁学名：Fratercula arctica
纲：鸟纲

北极海鹦为候鸟，全年大部分时间都生活在公海海域，可潜入水下 15 米捕食鱼类。它捕到猎物后，或直接吞食，或用嘴喂给幼鸟。北极海鹦的上喙与舌头都长有尖刺，这使得它可以同时捕捉很多条鱼。

水鼠耳蝠

拉丁学名：Myotis daubentonii
纲：哺乳纲

水鼠耳蝠为小型蝙蝠，在水上 1～2 米的地方飞行并用尾巴或爪子捕食水生昆虫。冬天，它会迁徙到偏僻的洞穴里进行冬眠。水鼠耳蝠喜欢集群生活。

蓝山雀

|| **拉丁学名**：Parus caeruleus ||
|| **纲**：鸟纲 ||

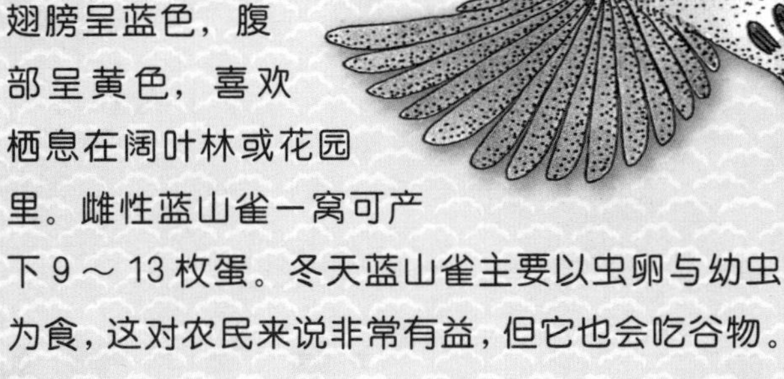

蓝山雀为小型鸟类。冠与翅膀呈蓝色，腹部呈黄色，喜欢栖息在阔叶林或花园里。雌性蓝山雀一窝可产下 9 ～ 13 枚蛋。冬天蓝山雀主要以虫卵与幼虫为食，这对农民来说非常有益，但它也会吃谷物。

乌鸫

|| **拉丁学名**：Turdus merula ||
|| **纲**：鸟纲 ||

乌鸫是黄昏时的妙音歌手，以水果、昆虫及其幼虫为食。乌鸫的蛋呈蓝色。雄性乌鸫眼睛周围有一个橙色圆圈。

蛎鹬

|| **拉丁学名**：Haematopus ostralegus ||
|| **纲**：鸟纲 ||

蛎鹬在退潮后觅食螃蟹或贝壳类动物。在食用贝壳时，蛎鹬会将细长的喙直接插入贝壳内切断闭壳肌。

黑琴鸡

|| **拉丁学名**：Tetrao tetrix ||
|| **纲**：鸟纲 ||

黑琴鸡为鸡形目鸟类，生活在山地森林或林中空地中。在求偶时，雄性会将尾羽展开呈里拉琴状，一边跳舞，一边摇摆尾巴。

欧洲昆虫

|| **纲**：昆虫纲 ||

西方蜜蜂

|| **拉丁学名**：Apis mellifera ||

西方蜜蜂 4 万多只一起集群生活，会产蜜。（另请参见第 90 页。）

帝王伟蜓

|| **拉丁学名**：Anax imperator ||

帝王伟蜓原产于非洲，是欧洲大陆体型最大的蜻蜓之一（体长 80 毫米）。

七星瓢虫

|| **拉丁学名**：Coccinella septempunctata ||

七星瓢虫为鞘翅目昆虫，每日可捕食约 150 只蚜虫。

橙尖粉蝶

|| **拉丁学名**：Anthocharis cardamines ||

雄性橙尖粉蝶的翅膀前端呈橙色，雌性橙尖粉蝶的翅膀则全呈白色。

孔雀蛱蝶

|| **拉丁学名**：Inachis io ||

孔雀蛱蝶的翅膀呈朱红色且带有眼状斑纹。

普蓝眼灰蝶

|| **拉丁学名**：polyommatus icarus ||

普蓝眼灰蝶体型较小，雄性的翅膀表面呈蓝色，雌性则呈栗色。

绿豆蝇

|| **拉丁学名**：Lucilia sericata ||

绿豆蝇用粗短的喙吸食排泄物。

鹿角锹甲

|| **拉丁学名**：Lucanus cervus ||

鹿角锹甲是大型鞘翅目昆虫，上腭巨大，可飞行，生活在森林中。

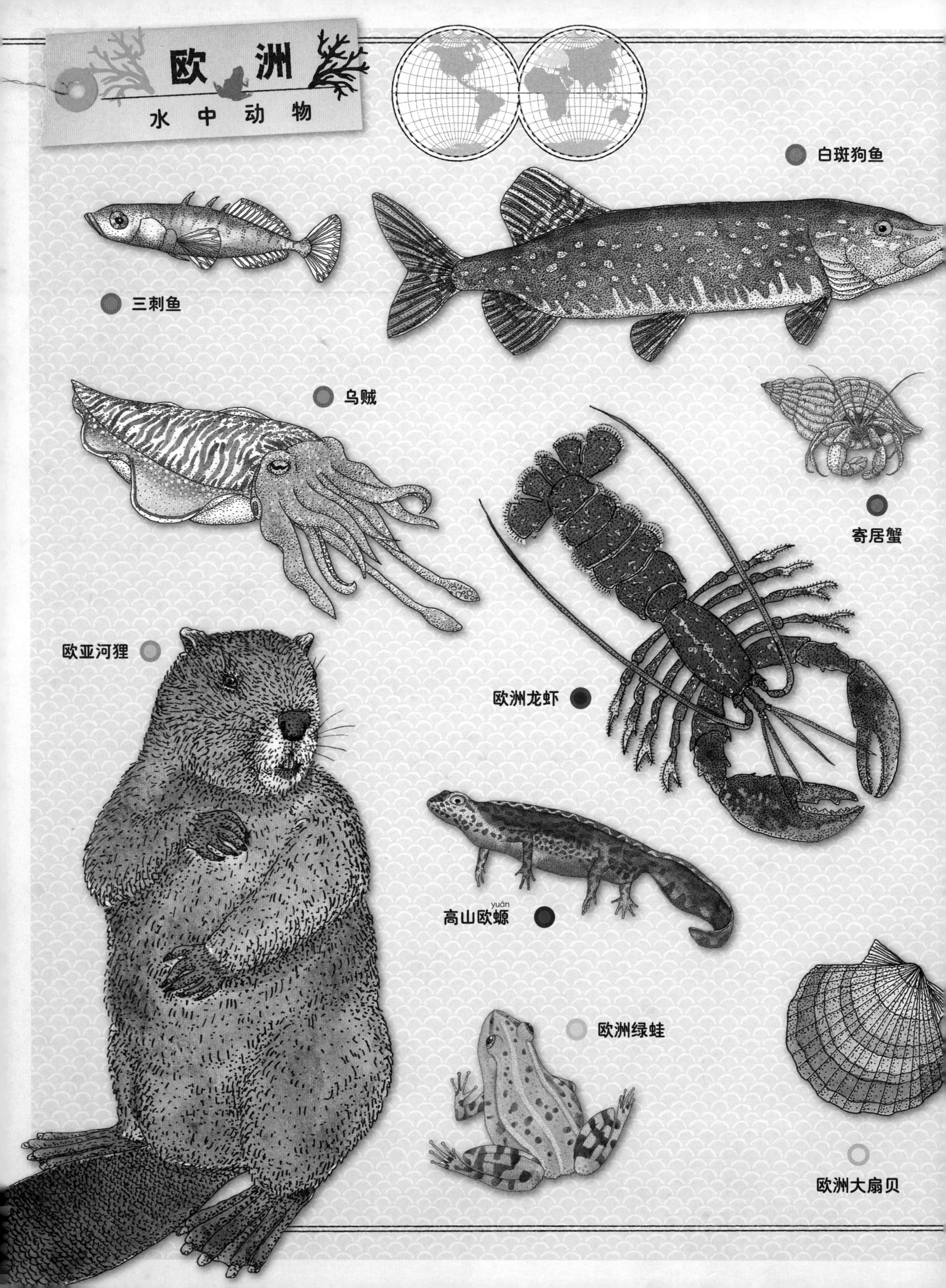
欧洲
水中动物
白斑狗鱼
三刺鱼
乌贼
寄居蟹
欧亚河狸
欧洲龙虾
yuán
高山欧螈
欧洲绿蛙
欧洲大扇贝

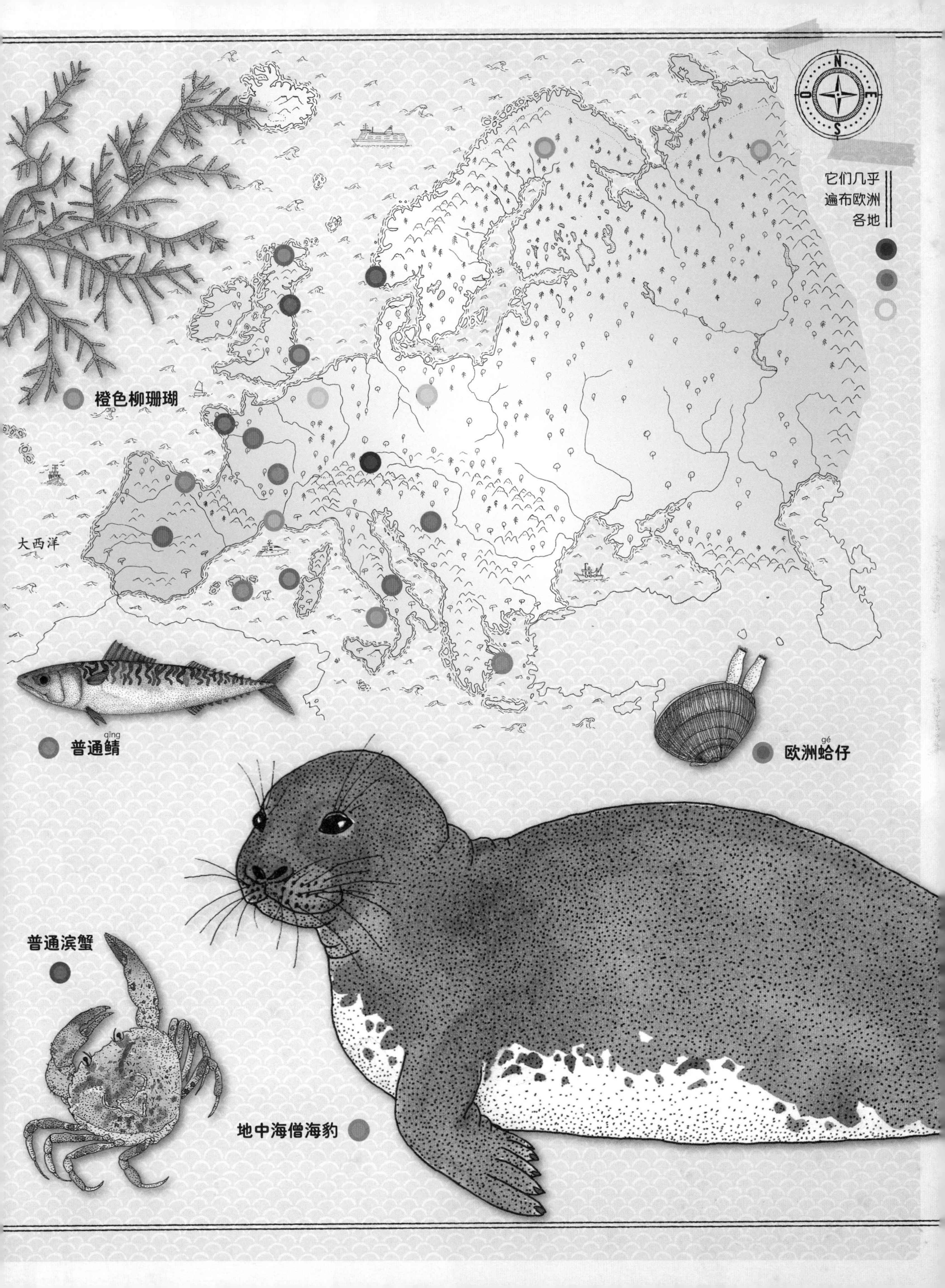
它们几乎
遍布欧洲
各地
橙色柳珊瑚
大西洋
qīng
普通鲭
gé
欧洲蛤仔
普通滨蟹
地中海僧海豹

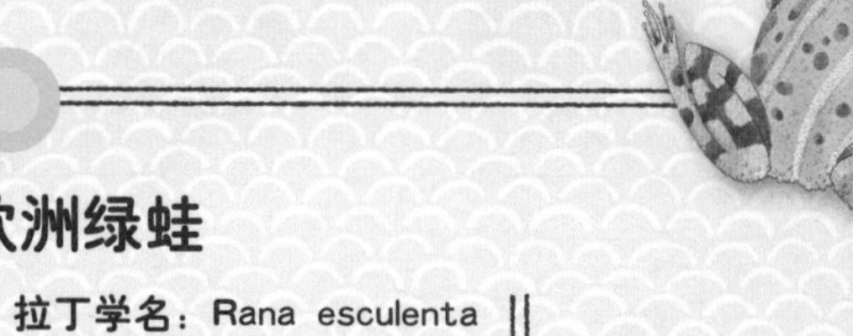

欧洲

水中动物

白斑狗鱼

拉丁学名： Esox lucius
纲： 辐鳍鱼纲

白斑狗鱼游泳速度很快，被称为“苏联火箭”。它的背鳍位置靠后。身上清晰的斑纹使它可以隐藏在清澈湖泊里的水草中等待猎物，伺机用它的 700 颗尖牙将之捕获。

欧亚河狸

拉丁学名： Castor fiber
纲： 哺乳纲

欧亚河狸为体型庞大的啮齿类动物，可潜水长达 20 分钟。它常用前爪在身体上涂抹尾下分泌腺所分泌的油脂，用于防湿。长满鳞片的尾巴宽大扁平，很像一个船舵。常在河岸边修建巢穴或挖掘洞穴居住。

欧洲绿蛙

拉丁学名： Rana esculenta
纲： 两栖纲

绿蛙可以在陆地上生活，但需要经常回到淡水环境中润湿皮肤。主要以甲壳类动物、昆虫及其幼虫为食，会在淤泥里进行长达四个月的冬眠。

三刺鱼

拉丁学名： Gasterosteus aculeatus
纲： 辐鳍鱼纲

三刺鱼生活在海水（如海湾）或淡水（如水流平缓的池塘或河流）环境中。在捕食猎物时，它身上的棘刺会竖立起来；但在游泳时，棘刺又会放下来。三刺鱼在欧洲分布非常广泛。

寄居蟹

拉丁学名： Pagurus bernhardus
纲： 软甲纲

寄居蟹为甲壳类十足目*动物。但它自身没有甲壳：通过寄居在被遗弃的螺壳中来保护自己，并随着身躯的长大更换不同的螺壳。寄居蟹分布在欧洲的大西洋沿岸。

* 是节肢动物软甲纲的一目，也是甲壳亚门中最大的一目，包括各种虾类、寄居蟹类、蟹类。

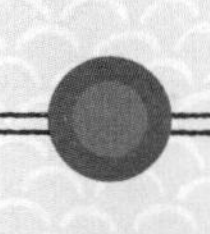

普通滨蟹

拉丁学名： Carcinus maenas
纲： 软甲纲

普通滨蟹是地球上现存的 3500 种螃蟹之一，外形呈六边形，颜色多样。原产于西欧以及挪威附近的海岸，后因消费需求被引进到世界各地。

地中海僧海豹

拉丁学名：Monachus monachus
纲：哺乳纲

由于栖息环境（海岸）被破坏与污染，这种海洋哺乳动物现已严重濒临灭绝。

欧洲龙虾

拉丁学名：Homarus gammarus
纲：软甲纲

欧洲龙虾为甲壳类动物。它的体型庞大，一对螯(áo)分别用来切割、击碎猎物。欧洲龙虾生活在低潮区与水下 50 米之间。白天它待在自己挖掘的洞穴之中，晚上则出来觅食。欧洲龙虾主要分布在大西洋与地中海沿岸，但由于过度捕捞，港口附近已不见其踪迹。

普通鲭

拉丁学名：Scomber scombrus
纲：硬骨鱼纲

普通鲭的背部长有蓝绿色条纹，集群生活在公海海域，主要以海里的浮游生物为食。夏天生活在冷水海域，秋天则洄游到温暖水域。（另请参见第 98 页。）

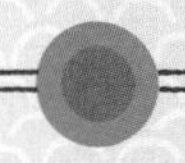

欧洲蛤仔

拉丁学名：Tapes decussatus
纲：双壳纲

欧洲蛤仔为双壳类软体动物，外壳表面有条纹，主要生活在泥沙底下。它有两个水管：一个用于摄取水与浮游生物，另一个则用于排泄。

橙色柳珊瑚

拉丁学名：Leptogorgia sarmentosa
纲：珊瑚纲

橙色柳珊瑚集群生活，栖息在海底。正如所有的刺胞动物*那样，橙色柳珊瑚长有带细刺的刺细胞。

* 或叫腔肠动物，包括珊瑚、水螅、海蜇、僧帽水母和海葵等。

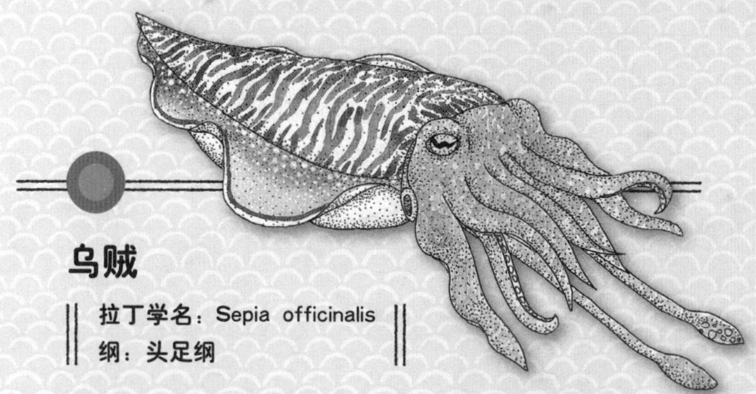

乌贼

拉丁学名：Sepia officinalis
纲：头足纲

乌贼生活在深水地区，尤其是有沙子的海底。它长有 10 条腕，其中 2 条用以捕获猎物。遇到危险时，会喷出“墨汁”掩护自己逃生。

高山欧螈

拉丁学名：Ichthyosaura alpestris
纲：两栖纲

高山欧螈是游泳健将，栖息地海拔可高达 2500 米。繁殖时期生活在水塘或湖泊之中，皮肤因而变得光滑细腻；在陆地上时，它的皮肤会变得粗糙，因而偏爱潮湿的环境。高山欧螈的爬行速度非常慢。

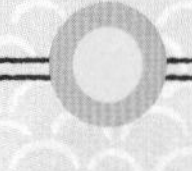

欧洲大扇贝

拉丁学名：Pecten maximus
纲：双壳纲

欧洲大扇贝有两个壳，表面有条纹，由闭壳肌连接在一起，具有保护作用。其中一个壳完全是扁平的，这是与其他双壳类动物的不同之处。

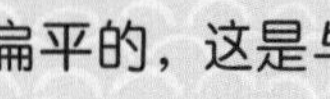

亚洲（北部）
陆 地 动 物
灰狼（又称普通狼）
园睡鼠
山羊
石貂
驯鹿
棕熊
shē lì
欧亚猞猁
合掌螳螂

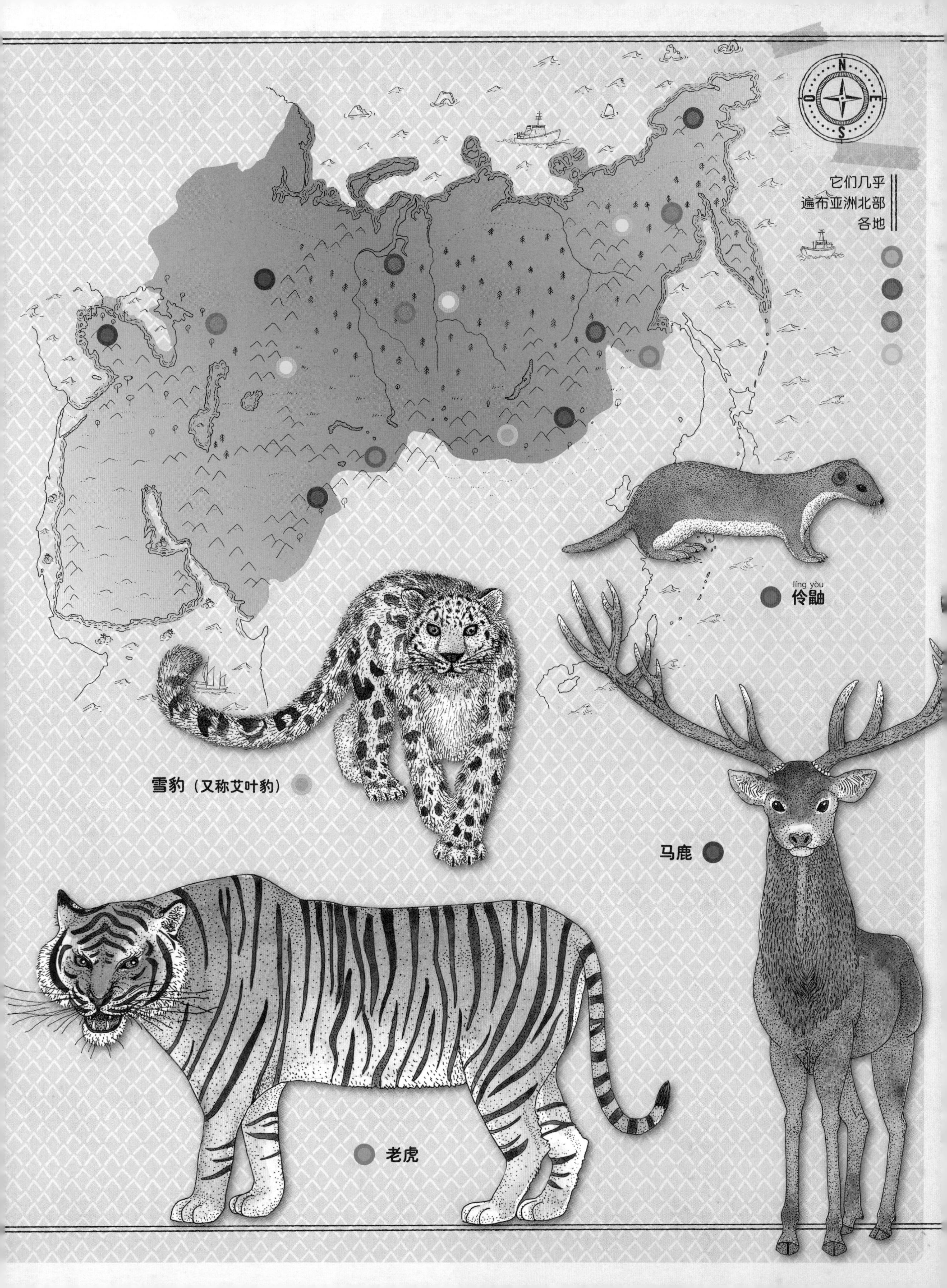

N
E
S
O
它们几乎
遍布亚洲北部
各地
líng yòu
伶鼬
雪豹（又称艾叶豹）
马鹿
老虎

亚洲（北部）

陆 地 动 物

雪豹（又称艾叶豹）

拉丁学名：Panthera uncia
纲：哺乳纲

雪豹生活在高山地区，例如西伯利亚的阿尔泰山脉。它的毛发非常长，具有御寒作用：腹部和四肢的体毛长达 12 厘米。因其行踪飘忽不定，人们称它为“高山幽灵”。现已濒临灭绝，在亚洲南部地区也有分布。（另请参见第 38 页。）

驯鹿

拉丁学名：Rangifer tarandus
纲：哺乳纲

驯鹿生活在环北极地区，会根据季节变化而迁徙以寻觅食物。它的四蹄宽大，有助于挖掘泥土或雪地里的食物（例如草、树皮、地衣等），同时也是游泳时的好工具。驯鹿在北美地区被称为“北美驯鹿”。（另请参见第 62 页。）

老虎

拉丁学名：Panthera tigris
纲：哺乳纲

老虎是大型野生猫科动物，毛皮呈棕黄色并带有黑色条纹。它是一种独居性动物，常在日落之后出来捕食鹿与野猪等动物。老虎现已濒临灭绝：在亚洲北部地区出现得越来越少。（另请参见第 38 页。）

山羊

拉丁学名：Capra hircus
纲：哺乳纲

山羊凭借它的四蹄可以在陡峭的山地里行走。它吃完草后会反刍。养殖山羊能够获取羊奶或羊肉。山羊是分布非常广泛的陆地动物：几乎遍布各个大洲。

棕熊

拉丁学名：Ursus arctos
纲：哺乳纲

棕熊为食肉动物，体型庞大，常在夜间活动。它的肩背和后颈部肌肉隆起，全身长有灰色或棕色的毛皮。棕熊需要宽阔的栖息环境。它的亚种分布于不同的大洲，主要有灰熊、科迪亚克棕熊、叙利亚棕熊等。（另请参见第 62 页。）

马鹿

拉丁学名：Cervus elaphus
纲：哺乳纲

马鹿为体型较大的食草动物，能反刍食物，主要栖息于森林中。只有到了每年 9～11 月的发情期，雄鹿与雌鹿才会聚集起来形成各个混合鹿群。雌鹿的妊娠期平均为八个月。马鹿在欧洲东部（但东欧马鹿体型较小）以及亚洲南部地区也有分布。（另请参见第 14 页和第 38 页。）

园睡鼠

拉丁学名：Eliomys quercinus
纲：哺乳纲

园睡鼠是一种夜间活动的小型啮齿类动物，主要以水果和昆虫为食，体长约 15 厘米（不计尾巴的长度），眼睛像是戴了一个眼罩。园睡鼠有冬眠的习惯。猫和猫头鹰是它的天敌。

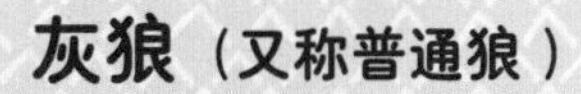

灰狼（又称普通狼）

拉丁学名：Canis lupus
纲：哺乳纲

灰狼主要出没在辽阔宽广的地方，比如西伯利亚大草原。灰狼的耐力极好：凭借其强有力的四肢，一个晚上可以行走 60 千米！灰狼在北美地区也有分布。（另请参见第 62 页。）

合掌螳螂

拉丁学名：Mantis religiosa
纲：昆虫纲

合掌螳螂前足长有棘刺，因前足交叉举起时犹如祷告又被称为祷告虫。头部呈三角形，可大幅度旋转至身后。在交尾后，雌性螳螂有时会将雄性螳螂吞食。

石貂

拉丁学名：Martes foina
纲：哺乳纲

石貂是一种体型较小的独居性食肉动物，身体呈褐色，颈部呈白色，主要在夜间活动。石貂形似松貂，但松貂脖子下有黄色的“围兜”。石貂主要栖息在乡村地区，但也生活在城市里并以食物残渣为生。它常潜入鸡舍偷取鸡蛋，因此被人类视为“不速之客”。

欧亚猞猁

拉丁学名：Lynx lynx
纲：哺乳纲

欧亚猞猁是体型最大的猞猁，脖子四周长有长毛。尾巴极短，耳朵呈三角形且长有耸立的簇毛，四肢较长。为独居性食肉动物，主要猎食小型有蹄类动物，但从不攻击人类。欧亚猞猁在亚洲南部地区也有分布。（另请参见第 39 页。）

伶鼬

拉丁学名：Mustela nivalis
纲：哺乳纲

伶鼬形似白鼬，冬天浑身雪白，不像白鼬还保留黑色的尾巴尖儿。雄性伶鼬的体长可达 27 厘米。伶鼬在北美地区也有分布。（另请参见第 63 页。）

亚洲（北部）
空中动物
家燕
渡鸦
金雕
灰斑鸠
jiū
疣鼻天鹅
yóu
雪鸮
xiāo
黄星绿小灰蝶

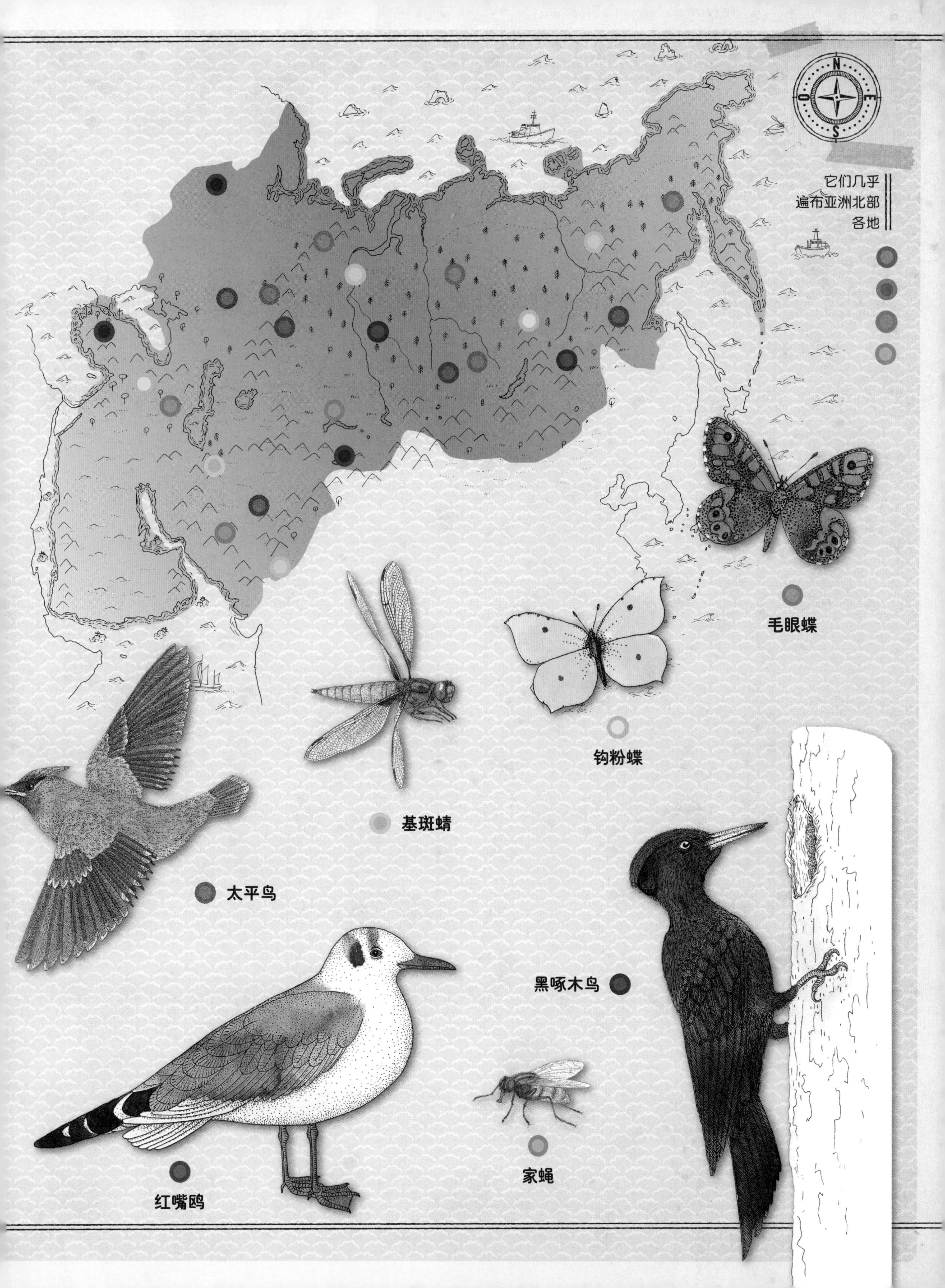
它们几乎
遍布亚洲北部
各地
毛眼蝶
钩粉蝶
基斑蜻
太平鸟
黑啄木鸟
家蝇
红嘴鸥

亚洲（北部）

空中动物

渡鸦

拉丁学名：Corvus corax
纲：鸟纲

渡鸦是世界上最大的鸣禽类动物。一般来说，生活在寒冷地区的渡鸦比它的欧洲同类体型更大。它主要以水果、昆虫、鸟蛋、动物腐肉以及腐屑食物为食。渡鸦生活在大山中，但也会在人类居住地附近出没。可通过颈部竖起的羽毛来识别这种鸟类。

雪鸮

拉丁学名：Bubo scandiacus
纲：鸟纲

雪鸮又名“雪猫头鹰”，全身长有浓密的羽毛，几乎遮住全爪与嘴巴。通常栖息在苔原地面或苔藓地衣之间，不常在空中飞翔。雄性几乎全身雪白。雪鸮在北极地区也有分布。（另请参见第 99 页。）

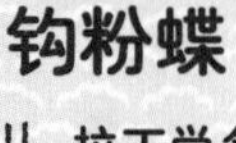

钩粉蝶

拉丁学名：Gonepteryx rhamni
纲：昆虫纲

钩粉蝶的翅膀形似树叶，雄蝶呈柠檬黄色，雌蝶呈浅黄色且略微偏绿。它的寿命是蝴蝶中最长的。当被捕获时，会“装死”逃生。这种蝴蝶生活在山区。

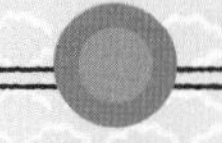

毛眼蝶

拉丁学名：Lasiommata megera
纲：昆虫纲

毛眼蝶生活在温带地区，翅膀为橙黄色，并带有红棕色条纹。它的翅膀上还长有瞳孔明亮的黑色眼状斑。常落于路边岩石上取暖。

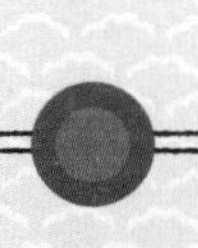

红嘴鸥

拉丁学名：Larus ridibundus
纲：鸟纲

红嘴鸥因其仿佛笑声一般的沙哑叫声又被称为“笑鸥”。红嘴鸥形似大黑背鸥，但体型更小。图中红嘴鸥的羽毛为冬羽：头部呈白色，眼后有黑斑。主要分布在亚洲的部分地区以及北美地区。（另请参见第 67 页。）

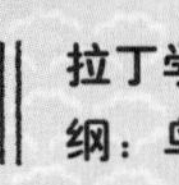

家燕

拉丁学名：Hirundo rustica
纲：鸟纲

俄罗斯的家燕会迁徙到南半球过冬，因此需要飞行 1 万多千米。法国的家燕只需飞往非洲。（另请参见第 18 页和第 55 页。）

疣鼻天鹅

拉丁学名：Cygnus olor
纲：鸟纲

疣鼻天鹅的嘴巴呈橘红色，上面有黑色的瘤疣状突起，因此得名。成年疣鼻天鹅全身雪白，但幼年小天鹅通常呈灰色。它善于游泳，以水生植物为食。疣鼻天鹅在大洋洲等地也有分布。（另请参见第91页。）

基斑蜻

拉丁学名：Libellula depressa
纲：昆虫纲

基斑蜻腹部扁平宽阔，雄性腹部呈蓝色，雌性呈黄色。基斑蜻的飞行速度很快，停留时四翼展开。它主要生活在水塘或水流平缓的水域附近。

灰斑鸠

拉丁学名：Streptopelia decaocto
纲：鸟纲

灰斑鸠的颈后长有黑色颈环，一到春天，便发出“咕咕－咕”的叫声。20世纪50年代，在欧洲地区也发现了灰斑鸠。此外，它在亚洲南部地区也有分布。（另请参见第42页。）

黄星绿小灰蝶

拉丁学名：Callophrys rubi
纲：昆虫纲

黄星绿小灰蝶为小型蝴蝶，翅膀的上表面呈棕色，下表面呈亮绿色。雄性与雌性的外形一样。黄星绿小灰蝶飞行速度非常快。

金雕

拉丁学名：Aquila chrysaetos
纲：鸟纲

金雕为大型猛禽，全身呈褐色，长有深黑色的双眼，视力比人类的好8倍。金雕通常成对生活并在高处修筑巨大的巢穴。雌性与雄性会轮流在巢穴中孵卵（每窝产卵1～4枚），孵化期约为40天。但只有一两只雏鸟能够存活下来。（另请参见第66页。）

家蝇

拉丁学名：Musca domestica
纲：昆虫纲

家蝇是人类住所及附近环境中最常见的蝇类。它的前胸呈灰色，背部有条纹，全身覆盖着细毛。它还有一个口器，末端长有两个唇瓣，用来吮吸食物。当食物太硬时，家蝇会在上面涂抹唾液来软化食物。（另请参见第66页。）

太平鸟

拉丁学名：Bombycilla garrulus
纲：鸟纲

太平鸟的身体呈灰褐色，头上带有羽冠，尾羽为黑色，尾端为亮黄色。夏季过后，如果食物短缺，太平鸟就会离开栖息的针叶林，成群结队地飞往1500千米外的南方：这种成群移居到陌生环境的行为简直可以叫做“强行入侵”啊！

黑啄木鸟

拉丁学名：Dryocopus martius
纲：鸟纲

黑啄木鸟利用脚爪与尾巴平稳地停留在树干上，继而用它那又尖又长的嘴巴啄取昆虫。它主要生活在亚洲与欧洲的森林中。

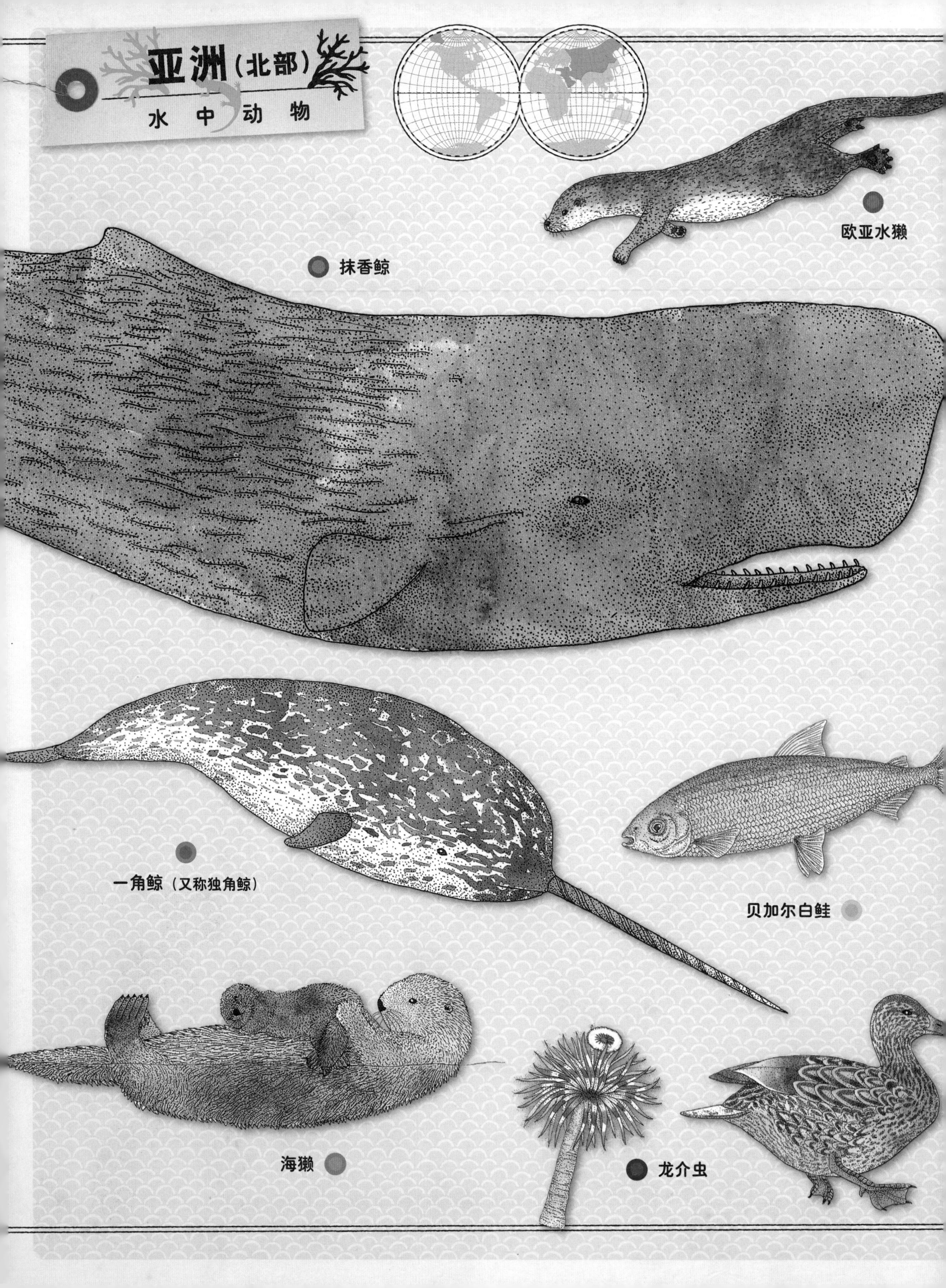
亚洲（北部）
水中动物
欧亚水獭
抹香鲸
一角鲸（又称独角鲸）
贝加尔白鲑
海獭
龙介虫

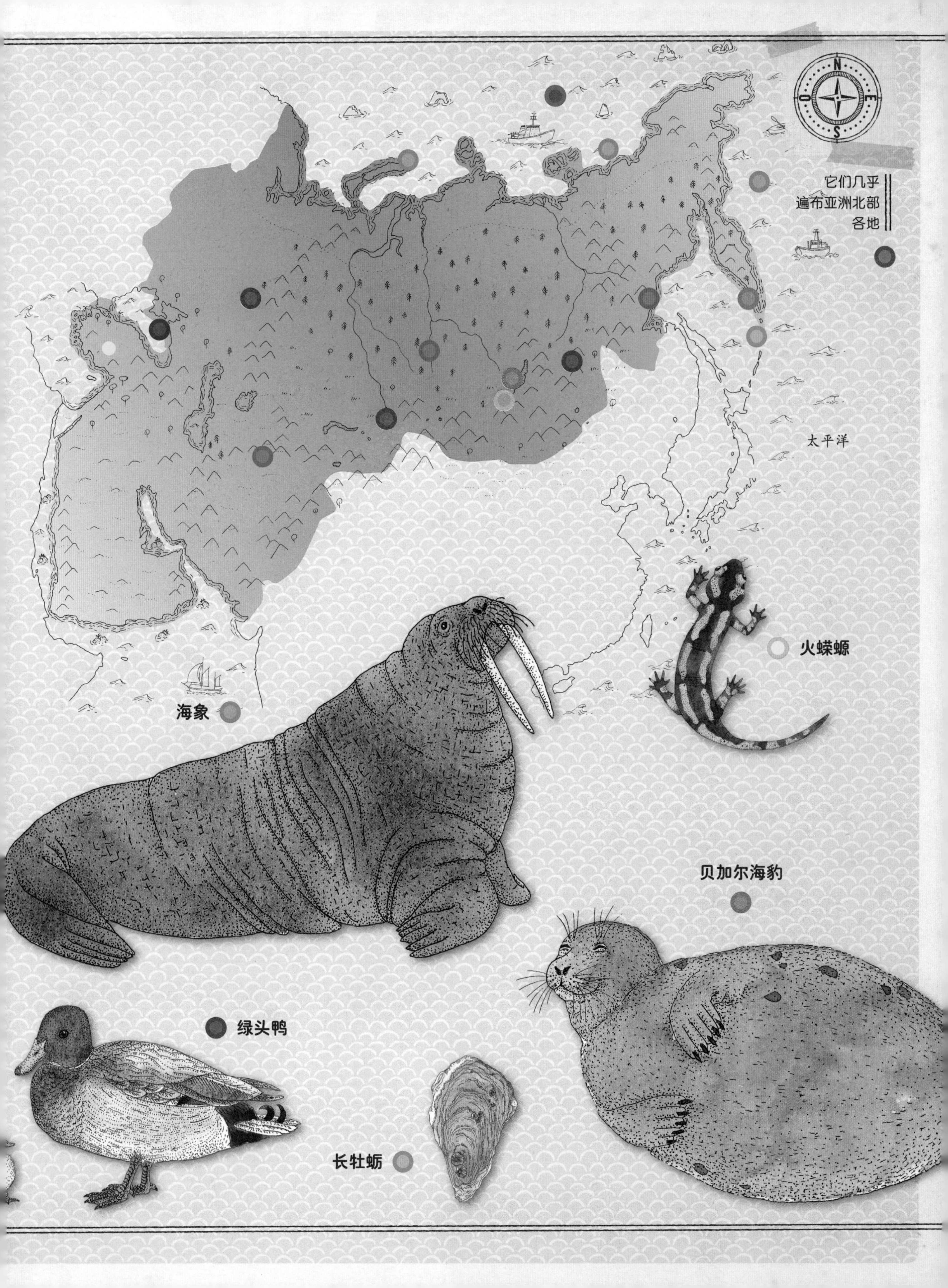

N
E
S
O
它们几乎
遍布亚洲北部
各地
太平洋
火蝾螈
海象
贝加尔海豹
绿头鸭
长牡蛎

亚洲（北部）

水中动物

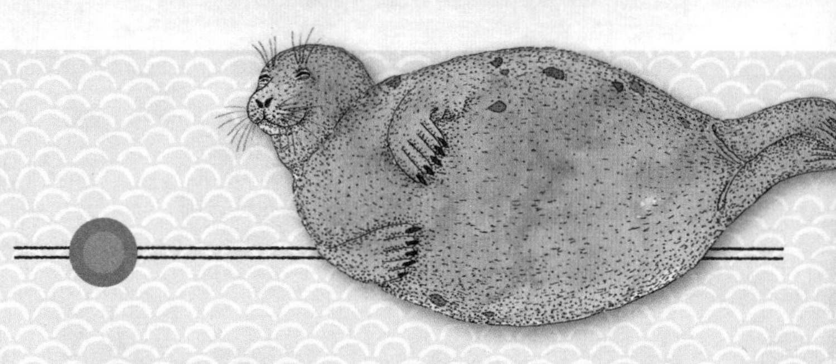

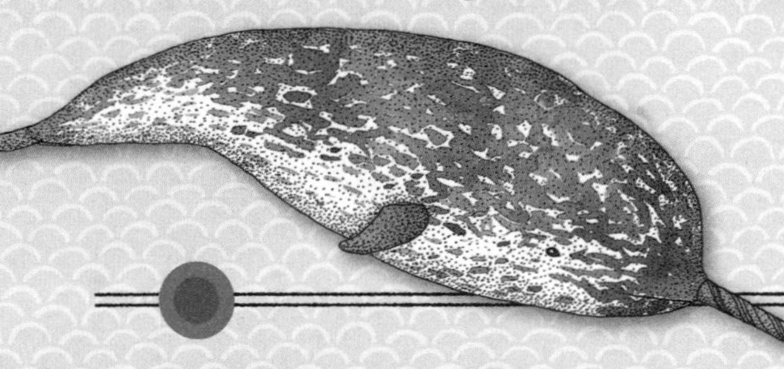

一角鲸（又称独角鲸）

拉丁学名：Monodon monoceros
纲：哺乳纲

一角鲸脑袋上长有一个螺旋状的细长额角，不禁让人想到了传说中的独角兽。这其实是它的犬齿。犬齿大约在雄鲸（以及约 10% 的雌鲸）1 岁时开始生长，长度可达 3 米。一角鲸在北极地区也有分布。（另请参见第 98 页。）

海象

拉丁学名：Odobenus rosmarus
纲：哺乳纲

喜好搏斗的海象在水里体态优雅，但在陆地上显得有点笨拙。它的吼叫声在 1.5 千米远的地方都能听到。在亚洲，它主要生活在俄罗斯东北端的白令海海域。海象在北大西洋以及北极地区也有分布。（另请参见第98页。）

贝加尔海豹

拉丁学名：Phoca sibirica
纲：哺乳纲

贝加尔海豹全身呈灰色且布满深色斑点，是世界上体型最小的海豹。它凭借爪子可爬到冰块或岩石上。它的体型矮小肥胖，因此可以在淡水中漂浮起来。贝加尔海豹是极少数生活在淡水中的海豹之一。

欧亚水獭

拉丁学名：Lutra lutra
纲：哺乳纲

欧亚水獭在湖泊或河流里捕食鱼类与两栖类动物：它是游泳健将。上岸后，它会在草地里打滚来擦干身上的毛皮。它的巢穴入口在水里，设有通气孔。

长牡蛎

拉丁学名：Crassostrea gigas
纲：双壳纲

长牡蛎为软体动物。它的鳃像海水过滤器，可用来滤食浮游生物；双壳表面凹凸不平。长牡蛎原产于日本，但因较高的经济价值目前全球各地均有养殖，形成了牡蛎养殖业。

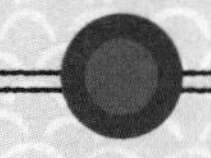

绿头鸭

拉丁学名：Anas platyrhynchos
纲：鸟纲

到了繁殖季节，雄性绿头鸭的头部会变成绿色，但雌性一直为棕色或米色。绿头鸭的脚上长有脚蹼，因而可在水中划游。绿头鸭从小就用嘴巴将尾部分泌的油脂涂抹全身，因此羽毛具有防水性。（另请参见第 91 页。）

贝加尔白鲑

拉丁学名：Coregonus migratorius
纲：硬骨鱼纲

贝加尔湖中已统计分类的鱼类多达 52 种！贝加尔白鲑是当地的特有物种：未在其他任何地方发现。这种两侧呈银白色、背部偏黑的白鲑是俄罗斯人普遍食用的一种鱼类。

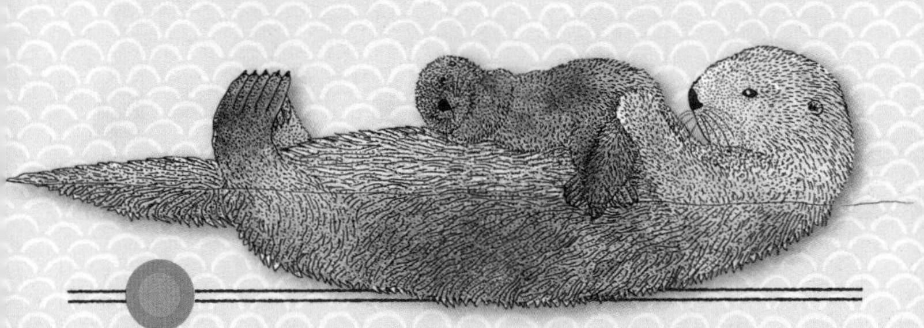

海獭

拉丁学名：Enhydra lutris
纲：哺乳纲

海獭是世界上体型最小的海洋哺乳动物。一身厚厚的毛皮使它可以抵御寒冷的海水。海獭常仰躺着漂浮在水面上睡觉，有时还会让幼仔躺在身上。（另请参见第 47 页。）

火蝾螈

拉丁学名：Salamandra salamandra
纲：两栖纲

雌性火蝾螈将幼螈直接产入浅水中，幼螈成年后不再善于游泳。它主要栖息在潮湿的地方并在晚上出来觅食。

龙介虫

拉丁学名：Serpula vermicularis
纲：多毛纲

龙介虫居住在自己建造的石灰质虫管内。涨潮时，它会伸出形似羽冠的红色触手；退潮时，一只喇叭形状且边缘为齿状的触手就像瓶盖一样将虫管盖上。

抹香鲸

拉丁学名：Physeter macrocephalus
纲：哺乳纲

在这种巨型食肉鲸鱼的胃里发现 7000 只鱿鱼是常有的事！它每天要吃下 500 ～ 1500 千克的食物。抹香鲸在大洋洲以及北极地区也有分布。（另请参见第 95 页和第 98 页。）

亚洲（南部）
陆地动物
老虎
婆罗洲猩猩
红火蚁
雪豹
（又称艾叶豹）
马鹿
野猪
亚洲象

豹
它们几乎
遍布亚洲南部
各地
xiū
叶蛸
欧亚猞猁
大熊猫
缨冠灰叶猴
N
E
S
O

亚洲（南部）

陆 地 动 物

红火蚁

拉丁学名：Solenopsis invicta
纲：昆虫纲

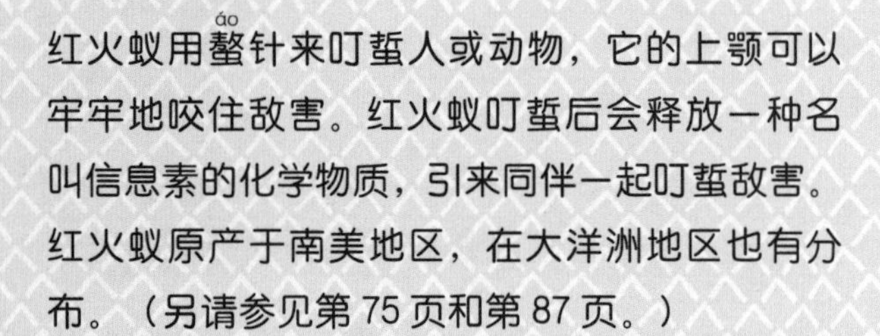

红火蚁用螯（áo）针来叮蜇人或动物，它的上颚可以牢牢地咬住敌害。红火蚁叮蜇后会释放一种名叫信息素的化学物质，引来同伴一起叮蜇敌害。红火蚁原产于南美地区，在大洋洲地区也有分布。（另请参见第 75 页和第 87 页。）

大熊猫

拉丁学名：Ailuropoda melanoleuca
纲：哺乳纲

大熊猫身高可达 1.8 米，是中国特有物种。它主要生活在中西部地区海拔较高的森林中。除了五个趾头外，大熊猫还有一个由腕骨特化而成的“大拇指”，帮助它握住竹子来吃。然而，大熊猫的消化道并不适合吃植物，因此仍被划分到食肉目。偶尔，大熊猫也会吃些小型啮齿类动物。大量砍伐竹林导致这个物种的数量有所减少。

豹

拉丁学名：Panthera pardus
纲：哺乳纲

豹为大型猫科动物，毛皮具有伪装作用。与生活在非洲的同类相比，亚洲豹的肤色略显鲜亮。在亚洲潮湿的森林里，豹的全身包括斑点都会变黑，这种经过黑化变异的豹被称为“黑豹”。（另请参见第 50 页。）

雪豹（又称艾叶豹）

拉丁学名：Panthera uncia
纲：哺乳纲

美丽的猫科动物雪豹生活在高山地区，例如喜马拉雅山脉。夏天，它主要猎食牦牛、盘羊或者一些小型动物，如旱獭、野兔等；冬天，则猎食森林中的鹿与野猪。雪豹在北亚地区也有分布。（另请参见第27页。）

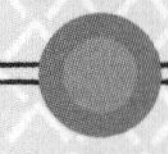

缨冠灰叶猴

拉丁学名：Semnopithecus priam
纲：哺乳纲

缨冠灰叶猴体型较小，脸部呈黑色，四周长有白毛。它主要生活在树林中，以树叶为食。

老虎

拉丁学名：Panthera tigris
纲：哺乳纲

老虎是体型最大的野生猫科动物（比狮子更庞大），毛皮呈棕黄色并带有黑色条纹。以前，老虎几乎在亚洲各个地区都有分布，但现在只剩下大约 3500 只了。印度是老虎数量最多的地方，它们主要生活在印度的热带雨林里。（另请参见第 27 页。）

野猪

拉丁学名：Sus scrofa
纲：哺乳纲

野猪的鬃毛非常硬直，常被用来制成梳子。在东南亚的森林里，野猪是老虎的主要捕猎对象。野猪在陆地上分布非常广泛，例如，它也生活在欧洲以及大洋洲地区。（另请参见第 14 页和第 86 页。）

婆罗洲猩猩

拉丁学名：Pongo pygmaeus
纲：哺乳纲

婆罗洲猩猩的马来语名为“orang-utan”，意思是“森林中的人”。它的身高和 12 岁孩子的身高差不多。婆罗洲猩猩与倭黑猩猩、黑猩猩、大猩猩、人类同属人科。这种树栖型的猩猩主要以水果、鸟蛋以及昆虫为食，它的窝也架在树上。雌猩猩会陪伴幼猩猩至少 3 年，并经常让它挂在自己的肚子上或背上。雄猩猩通常单独活动。它的叫声可传播到 1 千米外的地方。

欧亚猞猁

拉丁学名：Lynx lynx
纲：哺乳纲

欧亚猞猁是体型最大的猞猁。在雪地上，它宽大的爪子就像“滑雪板”。欧亚猞猁主要生活在亚洲北部地区，有的生活在中国的森林里。它以野兔、狍为食。（另请参见第26页。）

马鹿

学名：Cervus elaphus
纲：哺乳纲

雄性马鹿身体的颜色一般比雌性更深。雄性马鹿每年有两次换毛期，分别换上不同的毛皮：春毛细短，冬毛则厚密，可御寒。雄鹿与雌鹿的臀部都有一块黄斑，就像它们的“饰章”。马鹿在欧洲东部与北亚地区也有分布。（另请参见第 14 页和第 27 页。）

叶䗛

拉丁学名：Phyllium bioculatum
纲：昆虫纲

叶䗛是极其善于伪装的“树叶虫”，大约有 30 个种类，主要生活在印度、印度尼西亚、塞舌尔以及澳大利亚的炎热地区。雌性叶䗛长有翅膀，但不会飞行。

亚洲象

拉丁学名：Elephas maximus
纲：哺乳纲

亚洲象的体型与耳朵都不如非洲象庞大，但头上也有两大块隆起的肉瘤。它是食草动物，通常在森林里觅食，尤其偏爱果实香味独特的榴莲树。亚洲象常被驯养成坐骑。

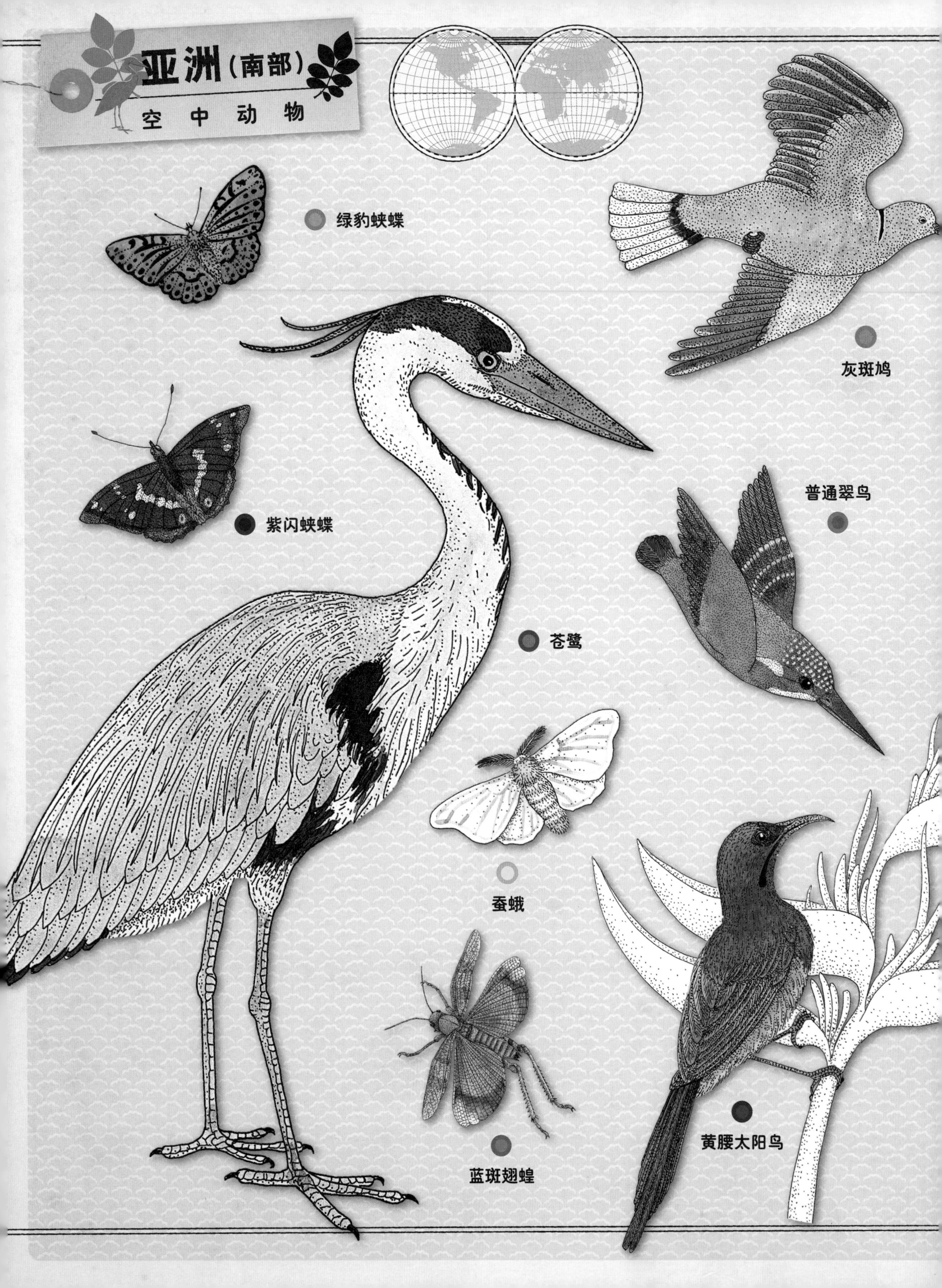
亚洲（南部）
空 中 动 物
绿豹蛱蝶
灰斑鸠
紫闪蛱蝶
普通翠鸟
苍鹭
蚕蛾
黄腰太阳鸟
蓝斑翅蝗

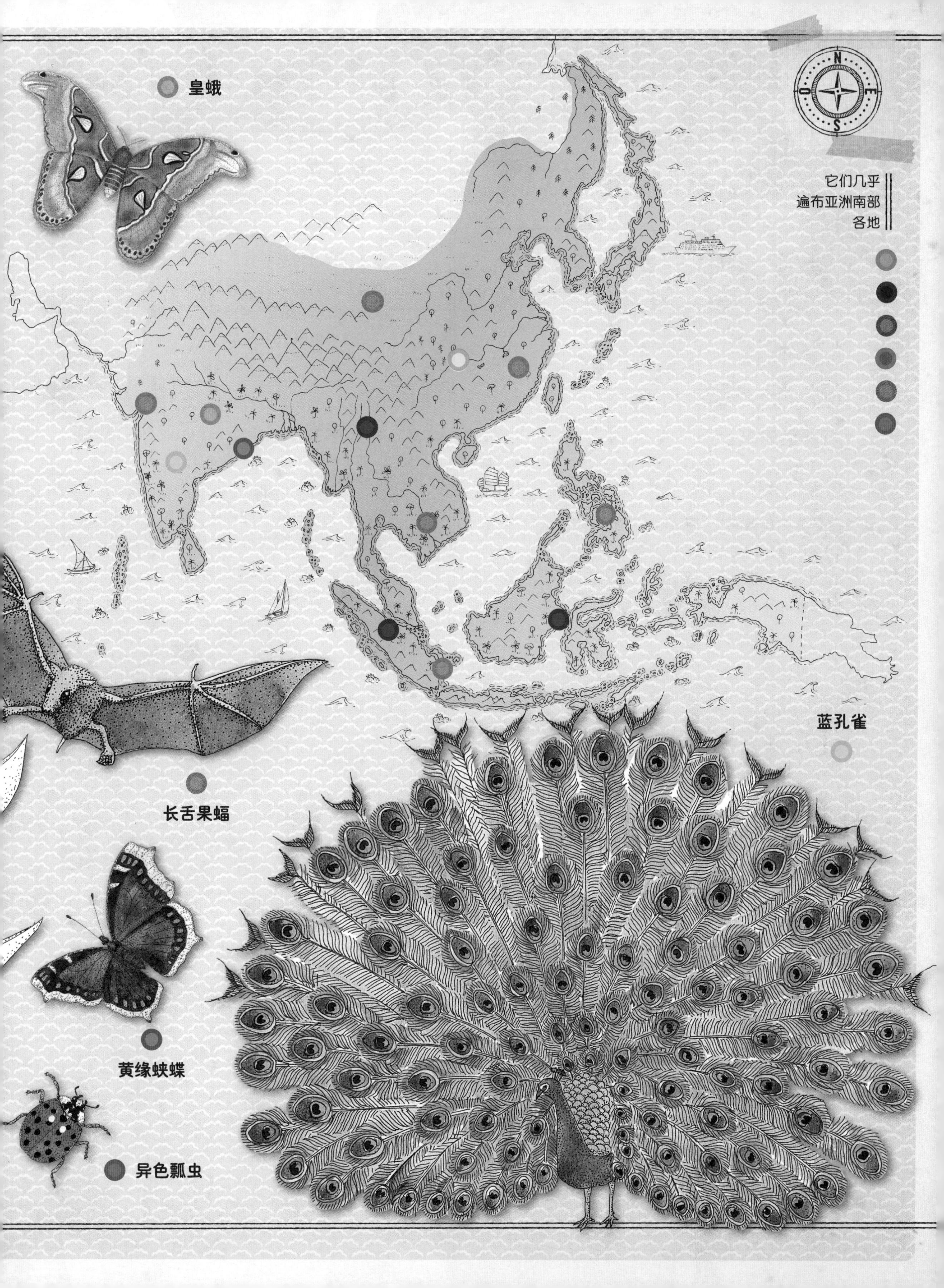

皇蛾
它们几乎
遍布亚洲南部
各地
蓝孔雀
长舌果蝠
黄缘蛱蝶
异色瓢虫

亚洲（南部）

空中动物

黄腰太阳鸟

拉丁学名：Aethopyga siparaja
纲：鸟纲

黄腰太阳鸟为鸣禽，颈部呈红色，主要生活在印度、印度尼西亚以及菲律宾等地。它用细长的喙吸食花蜜为生。名叫太阳鸟，是因为雄鸟的羽毛散发着金属般的光泽。

蓝孔雀

拉丁学名：Pavo cristatus
纲：鸟纲

蓝孔雀是一种鸡形目动物，原产于亚洲。雄性蓝孔雀身体呈蓝色，尾羽上长有色彩鲜艳的眼状斑。为了吸引雌性，雄性会将尾羽竖起呈屏状。蓝孔雀的嘴巴与脚爪强而有力，尽管拖着一条长长的尾巴，但它也会飞行，不过大都在地面上活动。

普通翠鸟

拉丁学名：Alcedo atthis
纲：鸟纲

普通翠鸟在南亚地区广泛分布。它在水边的峭壁上挖洞筑巢。为了哺养幼鸟，翠鸟每天需捕获 80 条鱼；因此，捕鱼是它的主要活动。（另请参见第 18 页。）

绿豹蛱蝶

拉丁学名：Argynnis paphia
纲：昆虫纲

绿豹蛱蝶是一种大型蝴蝶，翅膀为橙黄色，上面布满了黑色的斑点。雄性的翅膀上还长有黑色的条纹。紫罗兰是它的寄主植物*。喜欢栖息在林中空地。

* 寄生物或病原物赖以生存的植物。

黄缘蛱蝶

拉丁学名：Nymphalis antiopa
纲：昆虫纲

黄缘蛱蝶白天活动，体型较大，翅膀为褐色，白色外缘内侧长有蓝色斑点，现已是稀有动物。它在欧洲、北美洲、澳大利亚以及马达加斯加岛也有分布。（另请参见第 90 页。）

蓝斑翅蝗

拉丁学名：Oedipoda caerulescens
纲：昆虫纲

蓝斑翅蝗主要生活在低矮的植物中。当翅膀收拢时，蓝斑翅蝗很难被发现，因为它与土壤颜色一样。但当它飞翔或跳跃时，巨大的蓝色翅膀便显而易见了。蓝斑翅蝗是一种喜热的昆虫，偏爱干燥且阳光充足的环境。白天，雄性用歌声来吸引雌性。

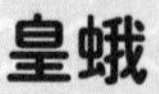

长舌果蝠

拉丁学名：Eonycteris spelaea
纲：哺乳纲

在榴莲树长达六个月的开花期中，亚洲蝙蝠长舌果蝠会为它授粉，因而长舌果蝠在生态圈中起着重要的作用。但栖息环境红树林的日渐消失使长舌果蝠的生存受到威胁，水果的产量也因此受到影响。

紫闪蛱蝶

拉丁学名：Apatura iris
纲：昆虫纲

紫闪蛱蝶的翅膀颜色偏深，并长有白色斑点，在翅膀展开时这些斑点呈“V”字状。雄性翅膀散发着金属蓝色光泽，但雌性只呈深棕色。紫闪蛱蝶喜爱柳树、杨树、橡树，也喜欢呆在果园里。

蚕蛾

拉丁学名：Bomby cidae
纲：昆虫纲

蚕蛾是一种白色蝴蝶，翅膀为三角形。蚕蛾在桑树上产卵，幼虫蚕以桑叶为食，会吐丝作茧，在茧内化成蛹。蚕茧是由一根丝（长度约 1500 米）绕成的。

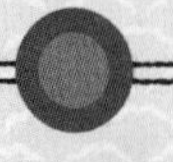

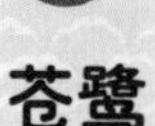

异色瓢虫

拉丁学名：Harmonia axyridis
纲：昆虫纲

体型庞大的异色瓢虫原产于中国，身上有红、橙、黄、黑等多种颜色。异色瓢虫主要以蚜虫为食（这也是欧洲引进异色瓢虫的原因），但它也吃成熟的葡萄以及其他瓢虫如七星瓢虫的幼虫。

皇蛾

拉丁学名：Attacus atlas
纲：昆虫纲

皇蛾夜间活动，生活在亚洲地区，与马达加斯加岛的彗星飞蛾一起被认为是世界上最大的两种蛾类。皇蛾的翅膀前端及翅上斑点形似蛇头，因此又被叫做“蛇头蛾”。触角呈羽毛状，且雄性的比雌性的更宽大。

灰斑鸠

拉丁学名：Streptopelia decaocto
纲：鸟纲

雄性与雌性灰斑鸠的颈后都长有半个黑色颈环。灰斑鸠主要以种子、嫩芽与浆果为食。这种斑鸠在靠近土耳其的北亚地区也有分布。（另请参见第 30 页。）

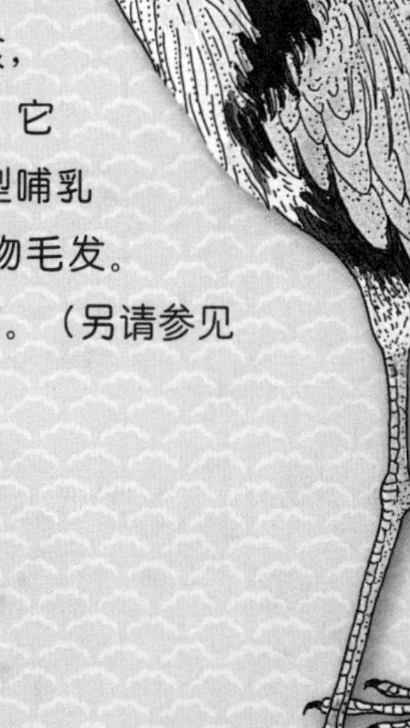

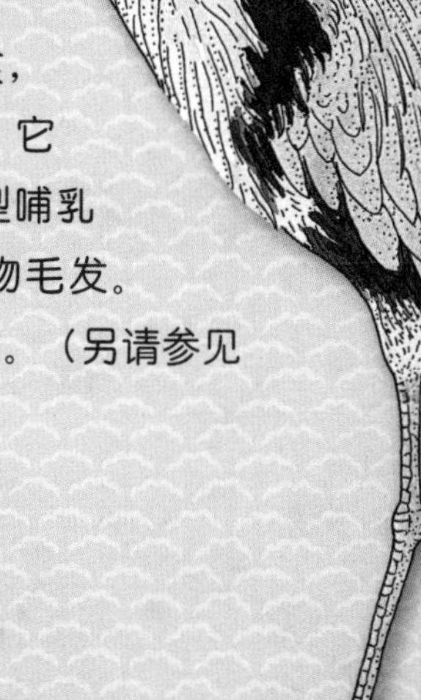

苍鹭

拉丁学名：Ardea cinerea
纲：鸟纲

苍鹭主要以淡水鱼类为食，并且连同鱼刺一起消化，它也捕食树鼩（qú）、田鼠等小型哺乳动物，但会吐出球状动物毛发。苍鹭在非洲地区也有分布。（另请参见第 54 页。）

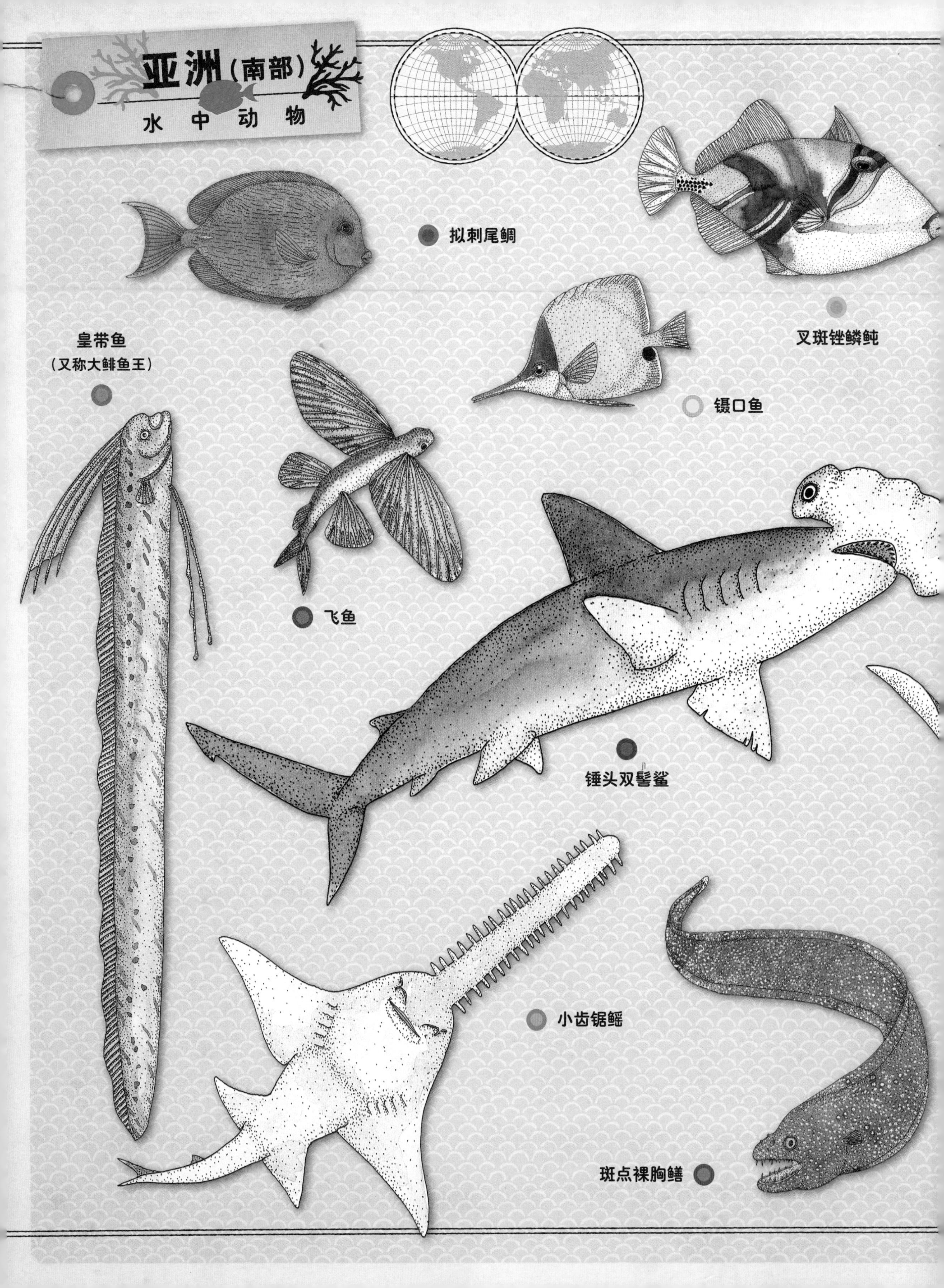
亚洲（南部）
水中动物
拟刺尾鲷
叉斑锉鳞鲀
皇带鱼
（又称大鲱鱼王）
镊口鱼
飞鱼
锤头双髻鲨
小齿锯鳐
斑点裸胸鳝

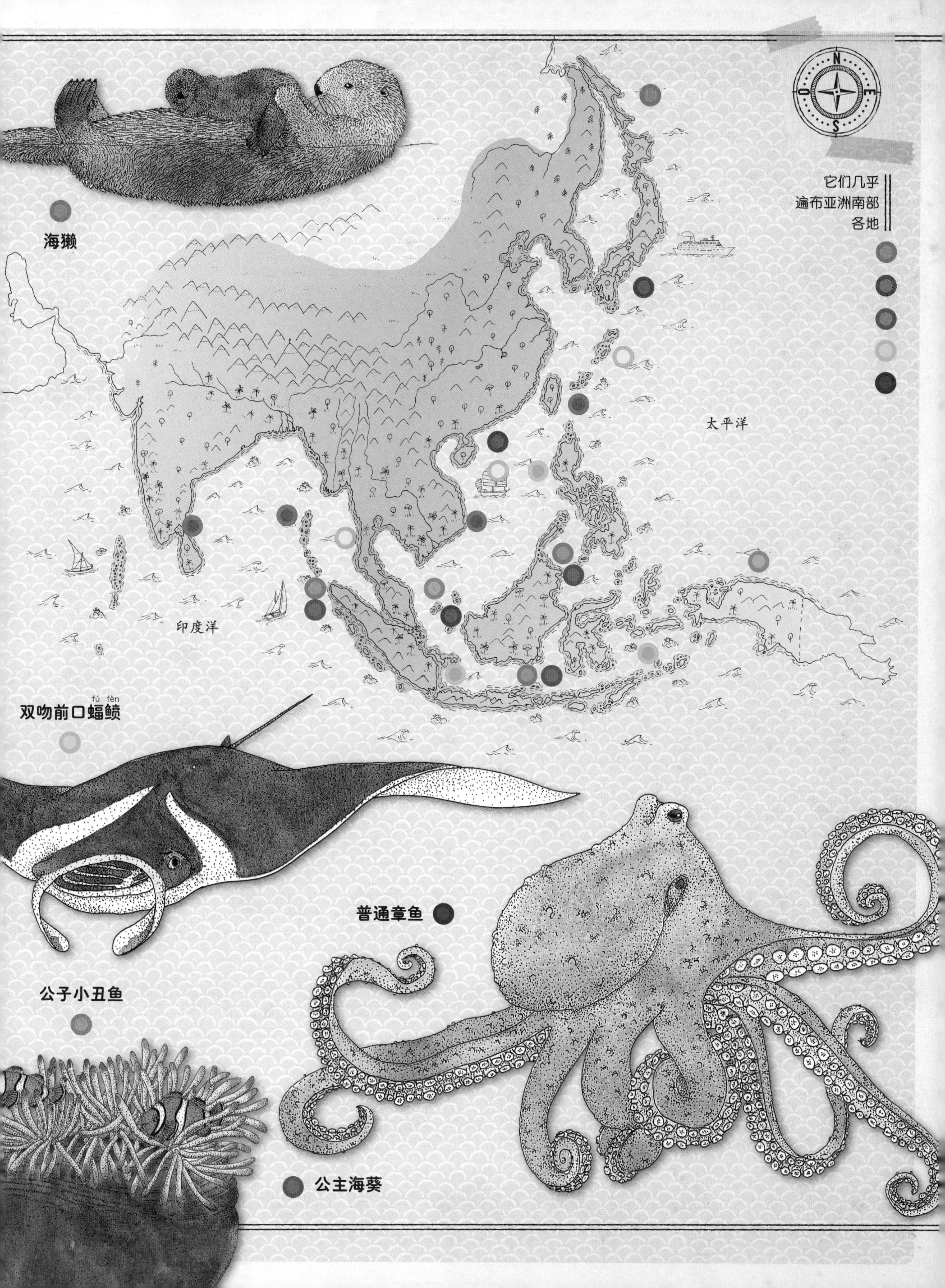

海獭
它们几乎
遍布亚洲南部
各地
太平洋
印度洋
双吻前口蝠鲼
fú fèn
普通章鱼
公子小丑鱼
公主海葵

亚洲（南部）

水中动物

公子小丑鱼

拉丁学名：Amphiprion ocellaris
纲：硬骨鱼纲

公子小丑鱼生活在海葵里，体表有黏液，可以保护自己不被海葵的毒素伤害。

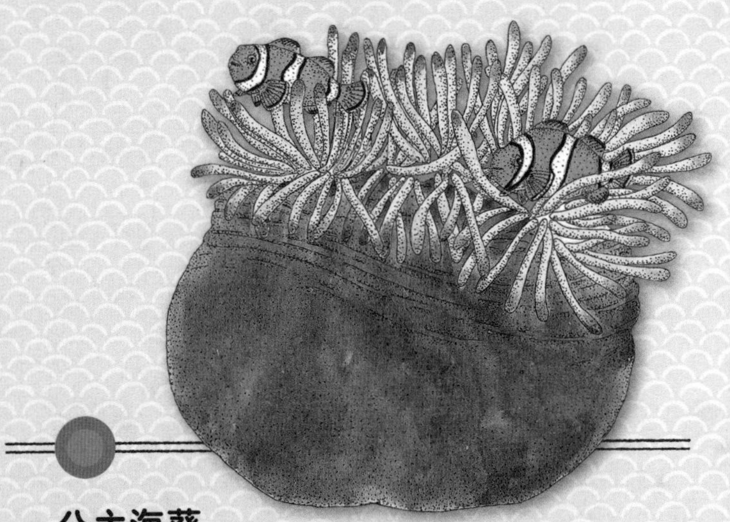

公主海葵

拉丁学名：Heteractis magnifica
纲：珊瑚纲

公主海葵是各种小丑鱼的栖息地，小丑鱼受到海葵的保护而不被天敌捕食，海葵则以小丑鱼的食物碎屑为食。

斑点裸胸鳝

拉丁学名：Gymnothorax meleagris
纲：硬骨鱼纲

在潟（xì）湖*的岩礁地带，生活着这种长达 1.2 米的海鳝。它的颜色与岩石相似。

* 浅水海湾因湾口淤积的泥沙封闭形成的湖，也指珊瑚环礁所围成的水域。

普通章鱼

拉丁学名：Octopus vulgaris
纲：头足纲

普通章鱼主要生活在海岸附近，除繁殖期以外，一般单独活动。雌性章鱼产卵后会不吃不喝地守护，因此常在卵孵化后死亡。章鱼主要用吸盘沿海底爬行，但受惊时会从体管喷出水流，从而迅速向反方向移动。它们会被人类捕捞来食用。在亚洲，普通章鱼主要分布在日本的海滨地带。（另请参见第 58 页和第 83 页。）

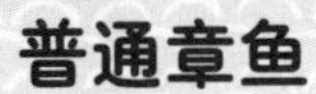

皇带鱼（又称大鲱鱼王）

拉丁学名：Regalecus glesne
纲：硬骨鱼纲

正如它的拉丁学名所示，皇带鱼是“鲱鱼之王”。它的背鳍呈红色，始于头顶，形似鬃冠。皇带鱼还有一对丝状的又细又长的腹鳍；有时，它会竖立起腹鳍。传说中的“海蛇”很有可能指的就是这种体型修长的鱼。皇带鱼也是海洋里最长的硬骨鱼，体长可达 11 米。

叉斑锉鳞鲀

拉丁学名：Rhinecanthus aculeatus
纲：硬骨鱼纲

叉斑锉鳞鲀体长可达 30 厘米，生活在太平洋珊瑚礁附近的多沙地带。它具有领地防御意识，不让其他鱼类甚至是潜水者闯入。叉斑锉鳞鲀在大洋洲地区也有分布。（另请参见第 95 页。）

镊口鱼

拉丁学名：Forcipiger longirostris
纲：硬骨鱼纲

镊口鱼的吻部很长，可以用来捕食躲在珊瑚礁中的猎物（如甲壳类动物），其他鱼类可没这种本事！它的身体呈黄色，头部有三角形的黑斑，体长可达 22 厘米。

飞鱼

拉丁学名：Exocoetus volitans
纲：硬骨鱼纲

尽管名叫飞鱼，但它并不会飞，只是可跳跃到水面上空约 1 米处并持续滑翔 100 来米。飞鱼的四个胸鳍特别发达，因此可借助风力滑翔。（另请参见第 82 页。）

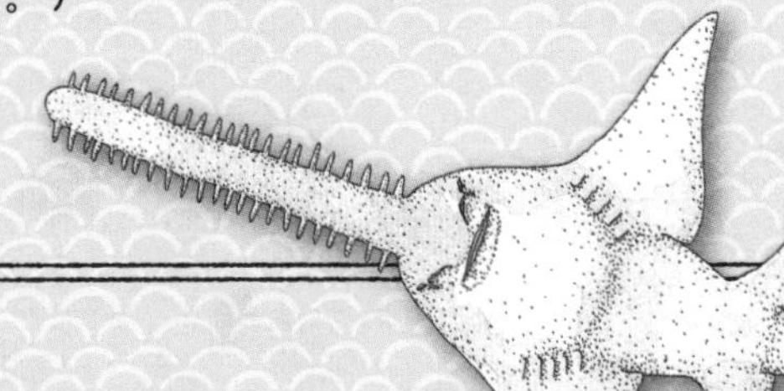

小齿锯鳐

拉丁学名：Pristis microdon
纲：软骨鱼纲

小齿锯鳐用吻部在泥土中觅食。它的吻部又长又直，两侧各有 18～23 颗锯齿。锯鳐的鳃很大，上面有鳃孔，背鳍又高又尖。（另请参见第 58 页。）

拟刺尾鲷

拉丁学名：Paracanthurus hepatus
纲：硬骨鱼纲

拟刺尾鲷幼年时呈黄色，成年后呈深蓝色。受到威胁时，它会将尾鳍上的棘刺竖起，棘刺锋利如外科手术刀，因此它又被称为“外科医生鱼”。但这种鱼类只以藻类植物为食。它的嘴巴形似人嘴。

锤头双髻鲨

拉丁学名：Sphyrna zygaena
纲：软骨鱼纲

锤头双髻鲨的头部两端突出，形似两个锤头，眼睛长在外端。它主要分布在印度洋、大西洋温暖的水域以及地中海，以鱼类和甲壳类动物为食。（另请参见第 70 页。）

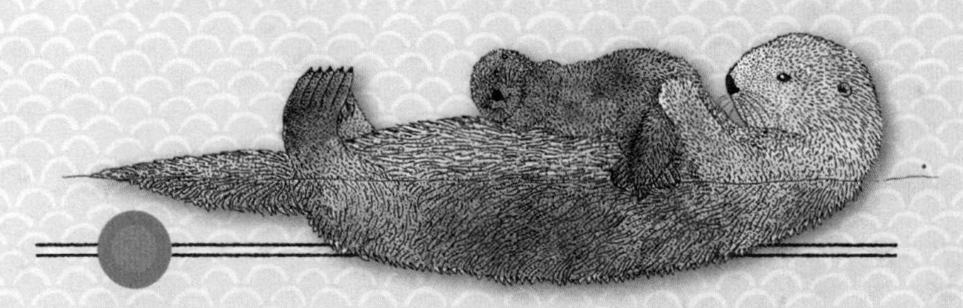

海獭

拉丁学名：Enhydra lutris
纲：哺乳纲

海獭是唯一可以连续几个月待在海里不回陆地的水獭。那身厚厚的毛皮比身上的脂肪更能抵御海水的寒冷。（另请参见第 34 页。）

双吻前口蝠鲼

拉丁学名：Manta birostris
纲：软骨鱼纲

双吻前口蝠鲼是蝠鲼中最大的一种，它的非常发达的胸鳍连接在头部与身躯上。蝠鲼在摄食时会停住不动，它的嘴巴位于腹部一面。它通过背上的小孔进行呼吸。

非洲
陆地动物
豹
黑猩猩
黑犀牛
喷点变色龙
鸵鸟
耳廓狐
平原斑马
单峰骆驼
狐獴
西部大猩猩
狮子

N
E
S
O
它们几乎
遍布非洲
各地
环尾狐猴
长颈鹿
跳羚
非洲
草原象

非洲

陆地动物

黑犀牛

拉丁学名：Diceros bicornis
纲：哺乳纲

尽管名叫黑犀牛，但这种头上长有两角的大型有蹄动物*实际呈灰色。黑犀牛主要生活在热带雨林或热带稀树草原地区，常在泥潭里打滚以便摆脱寄生虫或是让身体凉爽起来。黑犀牛皮厚无毛。

*以植物为食并长有蹄子的哺乳动物的泛称。

喷点变色龙

拉丁学名：Chamaeleo dilepis
纲：爬行纲

喷点变色龙为大型变色龙，体长可达 30 厘米。可以用尾巴将自己挂在热带雨林里的树枝上，用两只相互独立的眼睛紧紧地监视着蝴蝶或蚱蜢等猎物，然后快速伸出舌头将它们粘住。喷点变色龙会将头后的鼓膜鼓起威慑敌人。

豹

拉丁学名：Panthera pardus
纲：哺乳纲

豹为猫科动物，四肢肌肉发达，常攀爬到树枝上休息或进食。豹的毛皮颜色有助于它藏在森林、山地以及草原的草丛或树枝之间。（另请参见第 39 页。）

狮子

拉丁学名：Panthera leo
纲：哺乳纲

狮子是一种大型猫科动物。集群生活在热带稀树草原上或灌木丛里，雄狮长有发达的鬃毛，是家族领地的捍卫者。身躯强壮、奔跑速度快的母狮则负责猎捕角马、羚羊以及斑马。

耳廓狐

拉丁学名：Vulpes zerda
纲：哺乳纲

耳廓狐为小型犬科动物，又被称为“沙漠狐狸”。它四肢细长，牙齿锋利，晚上出来捕食啮齿类动物、鸟类、蜥蜴以及昆虫。白天，在炎热的沙漠里，耳廓狐可通过一对大耳朵来散发身体的热量。

环尾狐猴

拉丁学名：Lemur catta
纲：哺乳纲

环尾狐猴为小型狐猴，是世界上最濒危的灵长类动物，也是马达加斯加岛南部特有的物种。早上，它会爬到稀树草原的树木上晒太阳取暖。在地上走路时，它会翘起黑白条纹相间的尾巴。为争夺雌猴，雄猴会散发出一种恶心的臭味，以此对抗其他雄猴。

西部大猩猩

拉丁学名：Gorilla gorilla
纲：哺乳纲

西部大猩猩生活在热带雨林的地面上，主要以树叶、水果以及树根为食。长长的毛发使它能够抵御高山地区的寒冷。为了驱赶敌人，雄性大猩猩会拍打胸脯。雄性大猩猩睡在地上，雌性与幼仔则在树上筑巢而居。母猩猩对它孩子的父亲非常忠诚。

单峰骆驼

拉丁学名：Camelus dromedarius
纲：哺乳纲

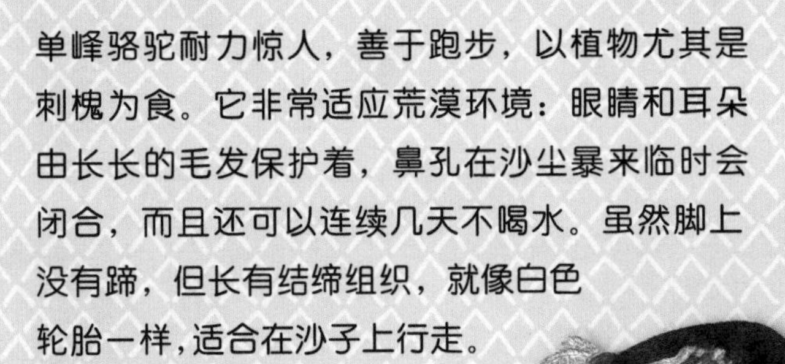

单峰骆驼耐力惊人，善于跑步，以植物尤其是刺槐为食。它非常适应荒漠环境：眼睛和耳朵由长长的毛发保护着，鼻孔在沙尘暴来临时会闭合，而且还可以连续几天不喝水。虽然脚上没有蹄，但长有结缔组织，就像白色轮胎一样，适合在沙子上行走。

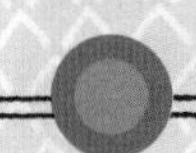

鸵鸟

拉丁学名：Struthio camelus
纲：鸟纲

鸵鸟是世界上体型最大、奔跑速度最快的鸟类：速度可达 70 千米每小时，但不会飞行。鸵鸟的脖子修长，爪子坚硬且只有两趾，集群生活在沙漠地区、热带稀树草原或植被不多的森林里，主要以种子、水果以及小型哺乳动物为食。雄性身高约 2.5 米。雌性毛羽呈灰色。鸵鸟蛋是世界上最大的鸟蛋，重量可达 1.5 千克。

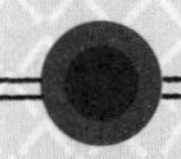

平原斑马

拉丁学名：Equus quagga
纲：哺乳纲

平原斑马头部修长，耳朵宽大，常成群结队地在热带稀树草原上的水域附近吃草，遇到危险时奔跑速度非常快。平原斑马只生活在非洲地区。

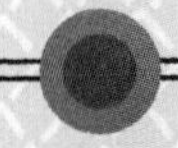

非洲草原象

拉丁学名：Loxodonta africana
纲：哺乳纲

在热带稀树草原或沼泽地带，生活着世界上最大的陆地动物非洲草原象。它的身高可达4米，体重可达7吨。别看它样子笨重，它灵活好动，还会游泳！雄象习惯单独活动，而雌象与小象成群生活。它的鼻子长而有力，方便摘取水果、树皮以及树叶。

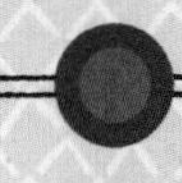

狐獴

拉丁学名：Suricata suricatta
纲：哺乳纲

狐獴是纳米布沙漠*里的小型食肉动物，集群生活，成员约有20～30只。当它们从洞穴里出来时，总有一两只会先去放哨，如有危险，便用尖锐的叫声警告同伴。当它用爪子在沙地里挖寻猎物时，透明的眼皮会垂下来防止沙子进入眼睛。狐獴主要以昆虫为食，但也吃蝎子。

*非洲西南部大西洋沿岸干燥区，世界上最古老、最干燥的沙漠之一。

跳羚

拉丁学名：Antidorcas marsupialis
纲：哺乳纲

跳羚四肢细长，可在草地上跳跃至 3 米高，它靠这种办法躲避狮子等天敌。

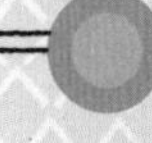

长颈鹿

拉丁学名：Giraffa camelopardalis
纲：哺乳纲

长颈鹿是世界上最高的陆地动物，雄性身高约5.5米，雌性约4.5米。长长的脖子使长颈鹿不必与其他食草动物争抢便可吃到刺槐的叶子。长颈鹿奔跑的速度堪比狮子，且与单峰骆驼一样，走路时同侧的两腿与另一侧的交替向前。

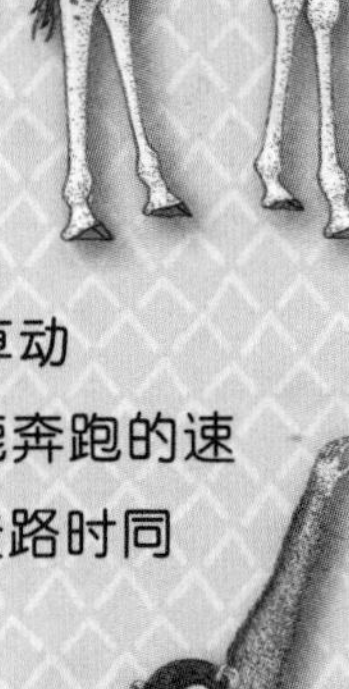

黑猩猩

拉丁学名：Pan troglodytes
纲：哺乳纲

黑猩猩是人科的灵长类动物，基因与人类非常相似。它们集群生活在热带雨林中，常用修长灵活的手臂将自己悬挂在树上。在地面上行走时，四肢着地。它们是素食主义者，有时也吃昆虫。黑猩猩因其多样的叫声与强大的模仿能力而广为人知。

非洲
空中动物
面罩情侣鹦鹉
非洲石䳭
bī
埃及圣鹮
huán
苍鹭
优红蛱蝶
日落蛾
巨鹱
hù
非洲戴胜
印度洋石䳭

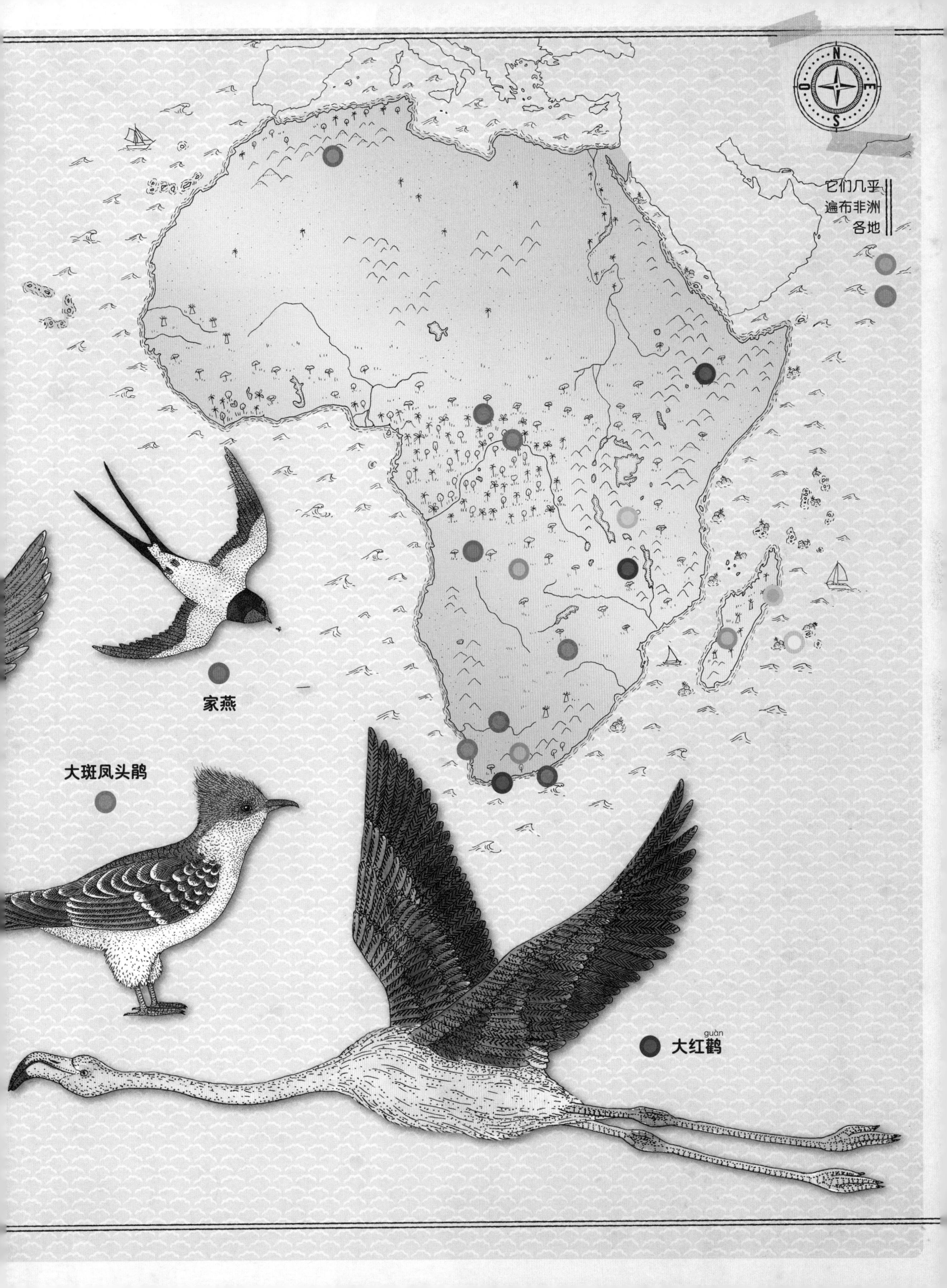

N
E
S
O
它们几乎
遍布非洲
各地
家燕
大斑凤头鹃
guàn
大红鹳

非洲

空中动物

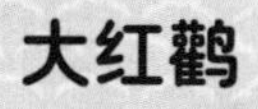

大红鹳

拉丁学名：Phoenicopterus roseus
纲：鸟纲

大红鹳为涉禽*，颈部细长，是世界上最大的一种火烈鸟，往往成千上万只成群生活在淡水或咸水水域附近。捕食时将头部伸入水中，用向下弯曲的嘴巴滤食水中的微生物（或植物、动物）。雄性与雌性共同孵化它们唯一的蛋。孵化后，雏鸟会被送往由成鸟看管的“托儿所”。

* 指适应水边生活的鸟类。

非洲石䳭

拉丁学名：Saxicola axillaris
纲：鸟纲

非洲石䳭为鸣禽，生活在灌木丛中，雄性头部呈黑色，颈部呈红棕色。石䳭单独或成对出没在草丛中，捕食地面上或空中的昆虫。非洲石䳭的体型有点“圆胖”，因为它深居简出。

埃及圣鹮

拉丁学名：Threskiornis aethiopicus
纲：鸟纲

白色的埃及圣鹮头颈部呈黑色且光秃，是古埃及的一种圣鸟。它主要生活在撒哈拉以南的非洲地区，靠近人类居住地，以食物残渣、动物腐尸、淡水鱼以及昆虫为食。曾有一只埃及圣鹮在逃出动物园后被意外带到法国布列塔尼地区。它的近亲美洲红鹮生活在中美洲以及南美洲地区。

非洲戴胜

拉丁学名：Upupa africana
纲：鸟纲

非洲戴胜的羽冠为红棕色，顶端黑色，可向后平展，遇险时则竖起呈冠状。嘴细长且弯曲，易于捕食泥土中的昆虫。进食时，它先在地面上摔打昆虫来去除翅膀和脚，然后将昆虫抛向空中，再张开嘴巴吞食。非洲戴胜也吃小青蛙。

面罩情侣鹦鹉

拉丁学名：Agapornis personatus
纲：鸟纲

面罩情侣鹦鹉眼睛四周有白圈，常结伴生活，雄性与雌性互相梳理羽毛。它有着和其他鹦鹉一样利于爬树的爪子。喙为鲜红色，非常强壮。上喙灵活而且可以自由活动，下喙用来捣碎水果、果壳以及种子。

优红蛱蝶

拉丁学名：Vanessa atalanta
纲：昆虫纲

优红蛱蝶的翅面主要呈黑色并带有橙色长条。大多生活在北半球温暖的地区，会进行季节性迁徙。它吃花蜜和水果汁液，如掉落在地面上的苹果。（另请参见第 66 页。）

日落蛾

拉丁学名：Chrysiridia rhipheus
纲：昆虫纲

日落蛾是马达加斯加岛上特有的一种白天活动的蛾。它的双翅呈黑色与绿色，并带有金黄色，还长有多条淡蓝色和白色的“尾巴”。它常在岛上东边和西边的森林间来回迁徙，喜欢生活在藤本植物之中。马达加斯加岛上的居民认为人的灵魂在死后会化作蛾，因此不能伤害它。

苍鹭

拉丁学名：Ardea cinerea
纲：鸟纲

苍鹭为大型涉禽，往往独自栖息在靠近水塘的高大树木上，或行走在水浅的地方并用强有力的嘴刺中鱼或青蛙来食用。飞行时，它的脖子呈“S”形，因此容易与鹤和鹳区别。（另请参见第 42 页。）

印度洋石鵖

拉丁学名：Saxicola tectes
纲：鸟纲

印度洋石鵖为小型鸟类。眉羽呈白色，生活在林中空地，是留尼汪岛*上的特有物种。它单独活动，飞行或行走时都可捕食昆虫。它居住在树洞里或地面上。

* 西南印度洋马斯克林群岛中的一个火山岛。

大斑凤头鹃

拉丁学名：Clamator glandarius
纲：鸟纲

大斑凤头鹃的背部、翅膀和尾巴呈深褐色甚至黑褐色，腹部则正好相反，呈浅色。成年的大斑凤头鹃长有灰色的羽冠。有迁徙行为，会飞往撒哈拉沙漠以南的非洲地区过冬。（另请参见第 18 页。）

家燕

拉丁学名：Hirundo rustica
纲：鸟纲

每年 9 月底，在繁衍后代后，法国的家燕会成群结队地飞过地中海与撒哈拉沙漠，最后在非洲大陆落脚。暖和的天气适合家燕生存，而且在飞行过程中它还能吃到欧洲冬天没有的昆虫。这种候鸟在北亚地区也有分布。（另请参见第 28 页和第 30 页。）

巨鹱

拉丁学名：Macronectes giganteus
纲：鸟纲

巨鹱只分布在南半球地区，主要生活在南极大陆及附近岛屿上。但它可飞往大西洋南部、开普敦以西 2700 千米的戈夫岛，生活在那里的海豹和海象死去后会成为它的美餐。（另请参见第 102 页。）

非洲
水中动物
rú gèn
儒艮
夜光游水母
非洲毛皮海狮
小齿锯鳐
短吻真海豚
普通章鱼
尼罗河尖吻鲈
地中海电鳐

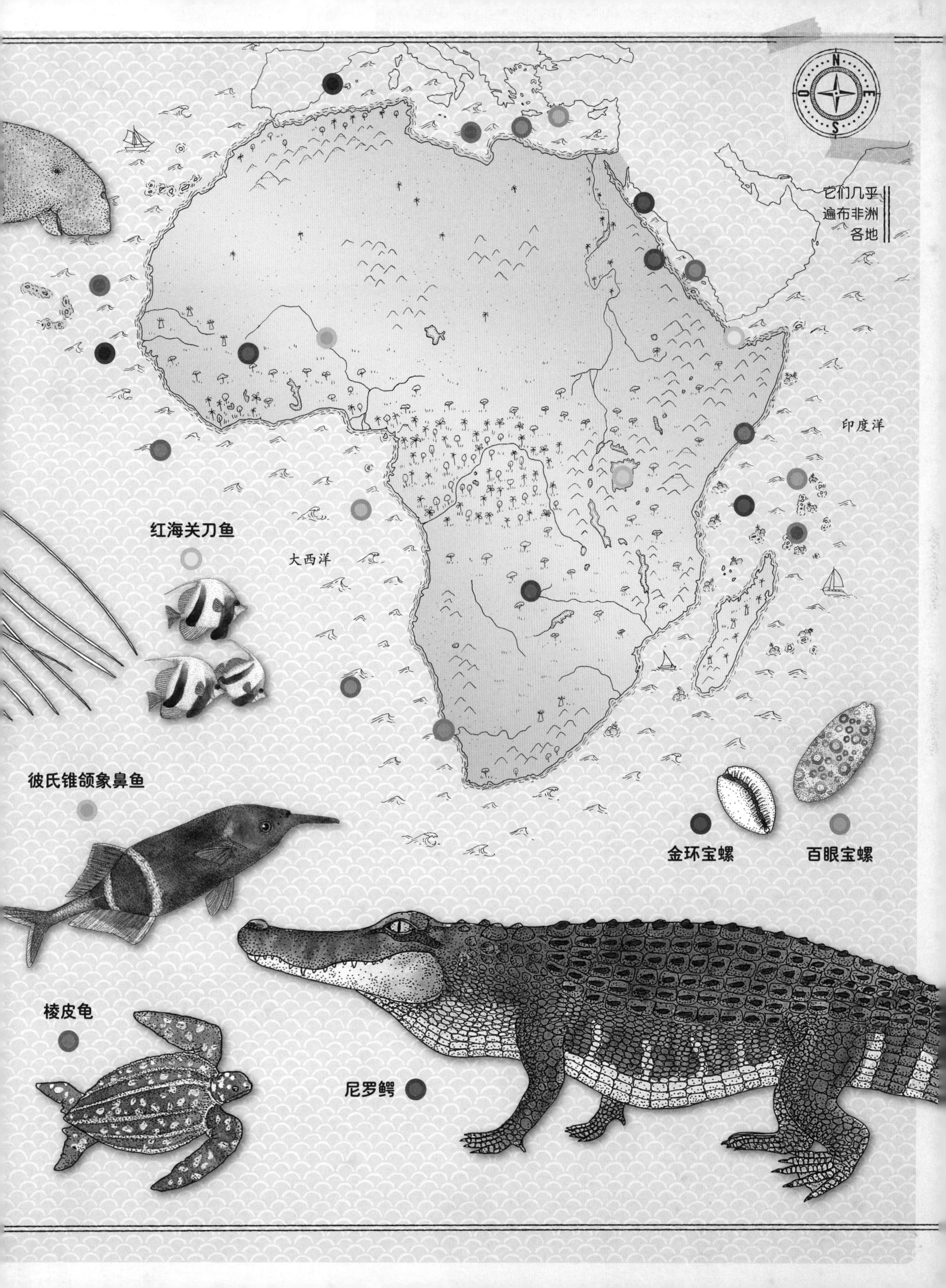
N
E
S
O
它们几乎
遍布非洲
各地
印度洋
大西洋
红海关刀鱼
彼氏锥颌象鼻鱼
金环宝螺
百眼宝螺
棱皮龟
尼罗鳄

非洲

水中动物

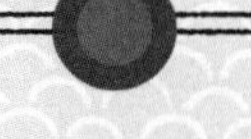

尼罗河尖吻鲈

拉丁学名：Lates niloticus
纲：硬骨鱼纲

尼罗河尖吻鲈为凶猛的掠食性淡水鱼，原产于尼罗河流域。它的体重可达 200 千克，体长可达 2 米。尼罗河尖吻鲈可食用，已被引入到非洲各地，尤其是维多利亚湖，湖里 200 多种鱼类因为它近 30 年的贪婪掠食而灭绝了。

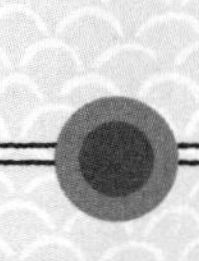

彼氏锥颌象鼻鱼

拉丁学名：Gnathonemus petersii
纲：硬骨鱼纲

彼氏锥颌象鼻鱼是非洲中西部地区的淡水鱼，主要生活在西非尼日尔河流域。它的下颌非常灵敏，能帮助它在沙泥里觅食蠕虫和无脊椎动物，也可用作自卫或交流的工具。彼氏锥颌象鼻鱼通常夜晚出来猎食。

儒艮

拉丁学名：Dugong dugon
纲：哺乳纲

儒艮主要生活在印度洋水浅的海滨地带，现已是世界上最濒危的海洋哺乳动物之一。它每天需要进食约 40 千克的植物。它的嘴巴宽而平，长有两颗不明显的长牙。（另请参见第 94 页。）

尼罗鳄

拉丁学名：Crocodylus niloticus
纲：爬行纲

尽管名叫尼罗鳄，但这种长着三角形长嘴的大型鳄鱼不只栖息在埃及尼罗河流域，也生活在非洲东南部地区的河流与湖泊里。尼罗鳄与湾鳄都是世界上最大的鳄鱼，身长可达 6 米。尼罗鳄借助尾巴在水中推进以便捕猎。它的后肢趾间有蹼。在陆地上，它的爬行速度也可达到 17 千米每小时。

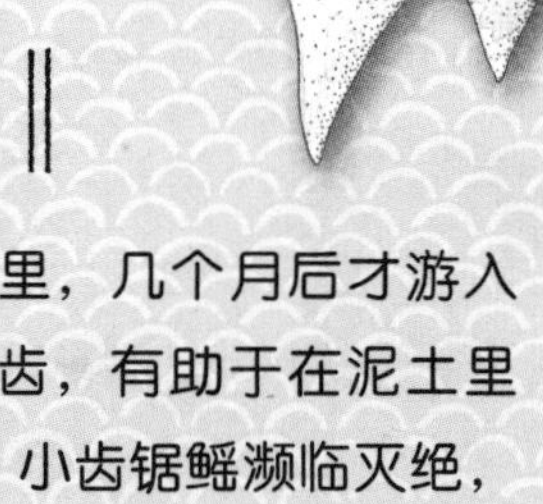

小齿锯鳐

拉丁学名：Pristis microdon
纲：软骨鱼纲

小齿锯鳐出生在淡水水域里，几个月后才游入大海。它的吻部长满了锯齿，有助于在泥土里寻找食物。由于过度捕捞，小齿锯鳐濒临灭绝，已从地中海海域消失。（另请参见第 46 页。）

非洲毛皮海狮

拉丁学名：Arctocephalus pusillus
纲：哺乳纲

非洲毛皮海狮集群生活，因耳小颈长等特征区别于海豹。它是游泳健将，分叉的尾鳍是它前进的助推器。它通常在海里猎食，但也在岩石上借助尾鳍竖立起来捕食鸟类。

短吻真海豚

拉丁学名：Delphinus delphis
纲：哺乳纲

短吻真海豚是游泳健将，它的毛皮光滑，身体呈流线型。这种集群生活（多达 1000 只）的哺乳动物能一边睡觉一边游泳，在温暖的沿岸水域表面，它可以呼吸自如。

夜光游水母

拉丁学名：Pelagia noctiluca
纲：钵水母纲

夜光游水母长有 4 条腕和 8 只可蛰人的触手。在大西洋里，常常几百甚至几千只一起顺着水流移动。遇到危险时，它会分泌出一种明亮的黏液。夜光游水母在地中海和红海中也有分布。

普通章鱼

拉丁学名：Octopus vulgaris
纲：头足纲

普通章鱼逃跑时会从体管中喷出水来加速移动，还会喷出“墨汁”作为掩护。这种软体动物可通过改变身体的颜色来伪装自己。嘴巴旁的 8 只触手用来捣碎软体动物或甲壳动物。在南美洲和亚洲地区也有分布。（另请参见第 47 页和第 83 页。）

棱皮龟

拉丁学名：Dermochelys coriacea
纲：爬行纲

棱皮龟是世界上体型最大的乌龟，龟壳上有 7 条纵棱。它主要以水母为食，可迁徙几千千米前往不同的温暖海域，迁徙时间长达 5 年。（另请参见第 94 页。）

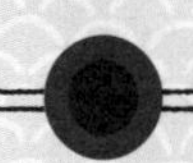

地中海电鳐

拉丁学名：Torpedo nobiliana
纲：软骨鱼纲

在海底世界里，体型圆而扁平的地中海电鳐用头部四周的电觉器官捕食猎物，将它们电晕后再吞食。

红海关刀鱼

拉丁学名：Heniochus intermedius
纲：硬骨鱼纲

红海关刀鱼为蝴蝶鱼科，平均体长 18 厘米，主要生活在珊瑚礁地带。它的背鳍延伸宛如一把刀子，因此而得名。

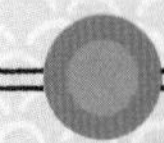

百眼宝螺

拉丁学名：Cypraea argus
纲：腹足纲

百眼宝螺的贝壳厚，成体无厣(yǎn)*，软体部藏于壳体中。主要生活在非洲东部地区。

*螺类介壳口圆片状的盖。

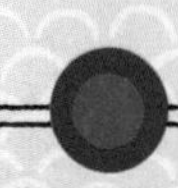

金环宝螺

拉丁学名：Cypraea annulus
纲：腹足纲

金环宝螺生活在红海以及印度洋海域的礁岩或海藻附近，可通过外壳上的橙黄色环纹来识别它。

北美洲
陆 地 动 物
西部菱斑响尾蛇
北美驼鹿
qiāo
阿拉斯加雪橇犬
美洲豹
棕熊
灰狼（又称普通狼）
北美驯鹿

N
E
S
O
它们几乎
遍布北美洲
各地
安第斯
白耳负鼠
阿帕卢萨马
蚁形郭公虫
伶鼬
美洲野牛

北美洲

陆地动物

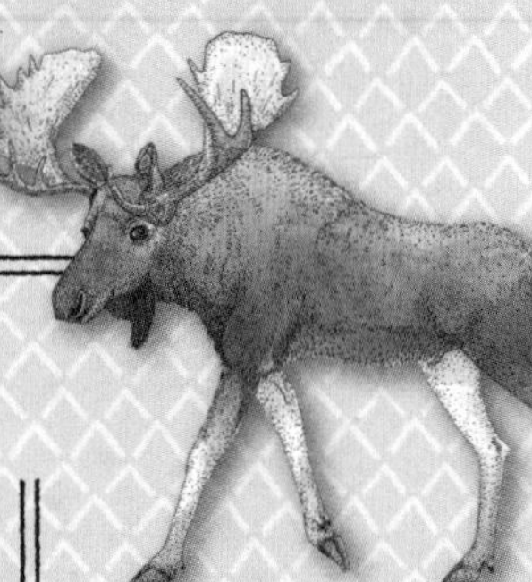

北美驼鹿

拉丁学名： Alces americanus
纲： 哺乳纲

北美驼鹿是世界上最大的鹿，也是北方森林之王。它的肩峰高出，体型与马差不多；毛皮呈深棕色，四肢呈浅灰色。宽大的四蹄有助于它在雪地上或沼泽地行走。北美驼鹿能潜入水中觅食湖泊或池沼中的水生植物。在俄罗斯和斯堪的纳维亚地区也有分布。

棕熊

拉丁学名： Ursus arctos
纲： 哺乳纲

棕熊以水果、蘑菇、小型哺乳动物以及部分夜间飞蛾为食，通常单独活动，但会聚集到一起用爪子捕食鲑鱼。冬天，棕熊常待在洞穴之中，但它并不冬眠。棕熊的亚种分布于不同的大洲，主要有灰熊、科迪亚克棕熊、叙利亚棕熊等。（另请参见第 26 页。）

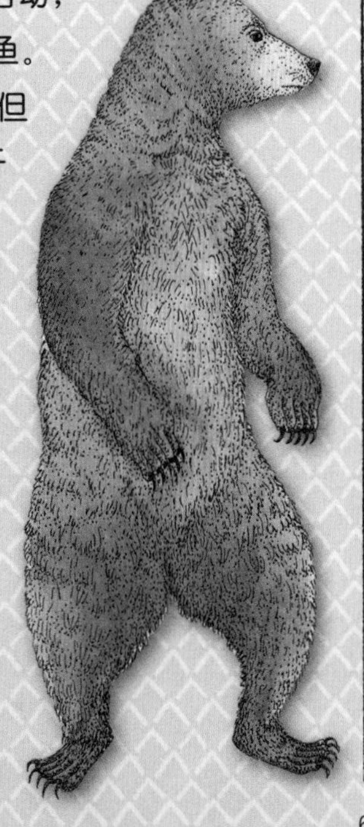

北美驯鹿

拉丁学名： Rangifer tarandus
纲： 哺乳纲

北美驯鹿的英文名“caribou”来源于美洲印第安人对驯鹿的称呼“xalibu”。最凶猛的野生驯鹿生活在美国阿拉斯加州和加拿大魁北克地区。雄性与雌性驯鹿都长有一对毛茸茸的鹿角，可用来对抗狼或熊。夏天，驯鹿的鹿角为橙红色；冬天，则为棕色。（另请参见第 26 页。）

灰狼（又称普通狼）

拉丁学名： Canis lupus
纲： 哺乳纲

灰狼喜欢辽阔宽广的地方，比如加拿大。常常有 30 多只灰狼形成狼群，一起追赶食草动物或捕食鲑鱼。灰狼在北亚地区也有分布。（另请参见第 26 页。）

西部菱斑响尾蛇

拉丁学名： Crotalus atrox
纲： 爬行纲

西部菱斑响尾蛇的尾巴末端具有三角形的响环，颤动时，会发出嗡嗡声。

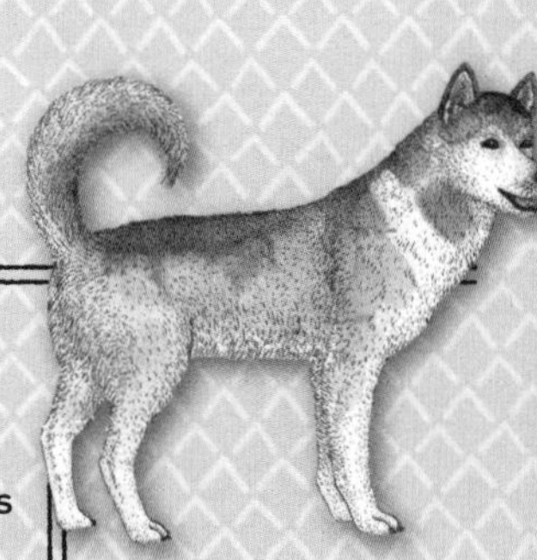

阿拉斯加雪橇犬

拉丁学名： Canis lupus familiaris
纲： 哺乳纲

阿拉斯加雪橇犬简称阿拉斯加犬，忍耐力强，耐力持久，奔跑速度非常快。这些优点使它成为一种非常珍贵的雪橇犬。狗拉雪橇是在人们前往阿拉斯加淘金的年代流行起来的。

安第斯白耳负鼠

拉丁学名： *Didelphis marsupialis*
纲：哺乳纲

夜间活动的有袋动物安第斯白耳负鼠只分布在美洲地区，以水果和小型动物为食。它的妊娠期为 13 天。幼鼠出生后待在母鼠腹部的口袋中直到成年：在此三个月期间，幼鼠以母乳为生。
（另请参见第 75 页。）

伶鼬

拉丁学名： *Mustela nivalis*
纲：哺乳纲

小型食肉动物伶鼬善于爬到树上偷食鸟巢里的鸟蛋。它的头部狭小，因此还可进入洞穴里捕食小型啮齿动物。此外，伶鼬也捕食小鸟以及两栖动物。伶鼬在北亚地区也有分布。
（另请参见第 27 页。）

美洲野牛

拉丁学名： *Bison bison*
纲：哺乳纲

美洲野牛尽管体型肥大，但奔跑速度仍可达 60 千米每小时。美洲野牛成群结队地觅食植物，有反刍行为。为了寻找食物，它们会进行迁徙。印第安人曾为了生活必需，捕杀美洲野牛来获取它们的肉、皮及毛。

蚁形郭公虫

拉丁学名： *Thanasimus formicarius*
纲：昆虫纲

蚁形郭公虫主要生活在被砍伐但仍留有树皮的树干上，尤其是松树的树干。在捕食小型鞘翅目昆虫时，它先将昆虫翻转过来，再将昆虫咬断后吞食。蚁形郭公虫原产于欧洲地区，为控制蛀木虫和小蠹虫的数量而被引入到了美洲地区。

美洲豹

拉丁学名： *Panthera onca*
纲：哺乳纲

美洲豹为大型猫科动物，形似普通的豹子，但肌肉更加发达。它的毛皮上长满了中间带黑色圆点的花形花纹。美洲豹生活在沼泽以及水源丰富的热带雨林地区，以貘（mò）和鹿等为食。

阿帕卢萨马

拉丁学名： *Equus caballus*
纲：哺乳纲

阿帕卢萨马的身上长满了斑点，它的祖先在 16 世纪由西班牙人带到美洲，并由帕卢斯河流域的印第安内兹佩尔塞人养殖。阿帕卢萨马最初的名字帕卢斯马由此而得。这种马有资格参加赛马比赛，它以持久力、耐力和良好的性格而著名。

北美洲
空中动物
优红蛱蝶
北美红雀
黑脉金斑蝶
（又称君主斑蝶）
金雕
家蝇
白头海雕
刀嘴海雀

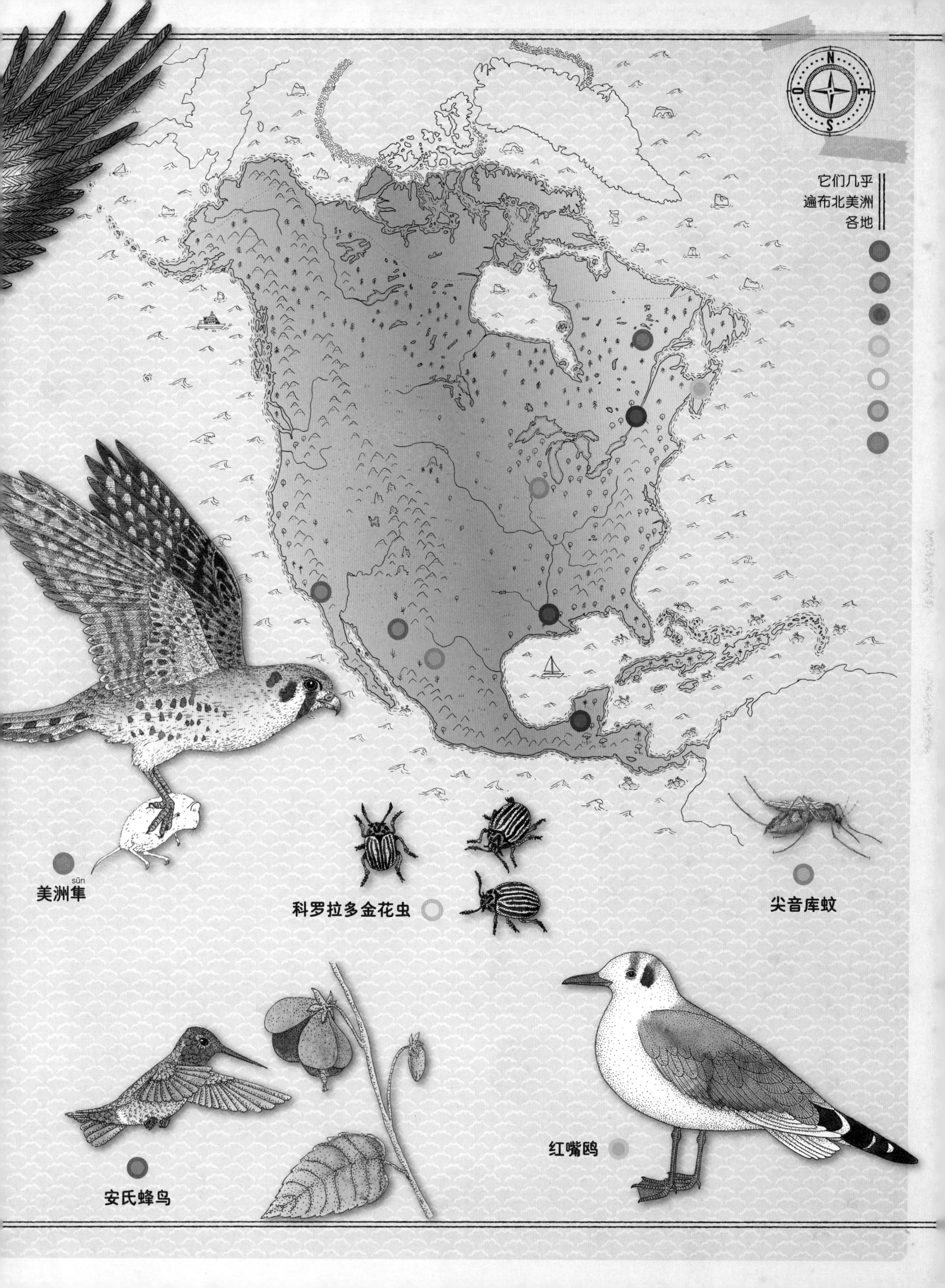

N
E
S
O
它们几乎
遍布北美洲
各地
sǔn
美洲隼
科罗拉多金花虫
尖音库蚊
安氏蜂鸟
红嘴鸥

北美洲

空　中　动　物

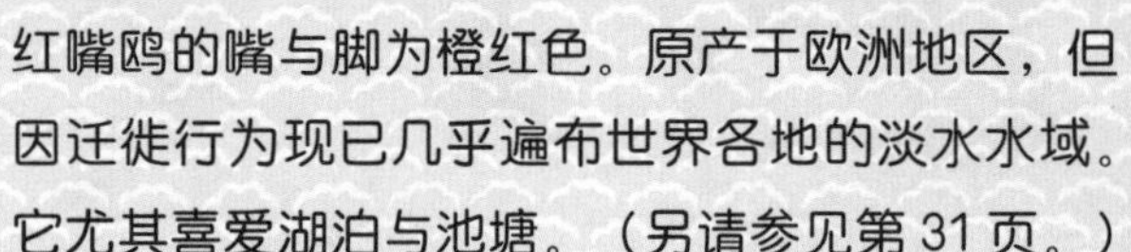

红嘴鸥

拉丁学名：Larus ridibundus
纲：鸟纲

红嘴鸥的嘴与脚为橙红色。原产于欧洲地区，但因迁徙行为现已几乎遍布世界各地的淡水水域。它尤其喜爱湖泊与池塘。（另请参见第 31 页。）

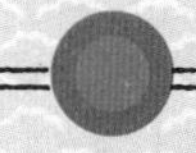

优红蛱蝶

拉丁学名：Vanessa atalanta
纲：昆虫纲

优红蛱蝶翼展可达 64 毫米。虫卵主要产在荨麻或墙草等生命力顽强的植物上：这些植物被称为优红蛱蝶的寄主植物。（另请参见第 54 页。）

安氏蜂鸟

拉丁学名：Calypte anna
纲：鸟纲

雄性安氏蜂鸟通过快速扇动翅膀、唱歌与飞行表演来吸引雌性。它还会通过摩擦尾巴上的羽毛来发出声音。雄鸟的头部呈红色。安氏蜂鸟细长的舌头有助于直接采食花蜜，但它也吃昆虫。它在南美洲地区也有分布。

美洲隼

拉丁学名：Falco sparverius
纲：鸟纲

美洲隼体型较小，主要生活在森林或城市边缘的开阔环境中。为穴居型动物，常在树木或陡峭泥坡上挖洞筑巢。主要以昆虫、蜥蜴、小型哺乳动物及小型鸟类为食。（另请参见第 79 页。）

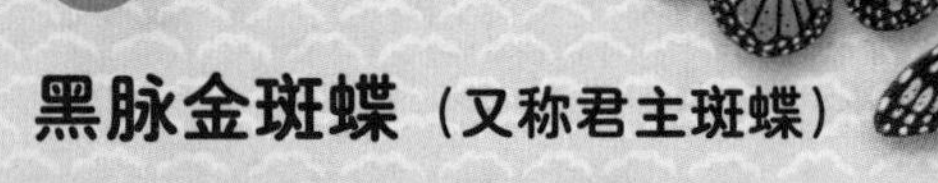

黑脉金斑蝶（又称君主斑蝶）

拉丁学名：Danaus plexippus
纲：昆虫纲

橙色的黑脉金斑蝶带有黑色斑纹，可形成成员多达几百万只的族群，它们每年都会从五大湖区（美国北部）飞行 4000 千米迁徙到米却肯州（墨西哥西南部）。

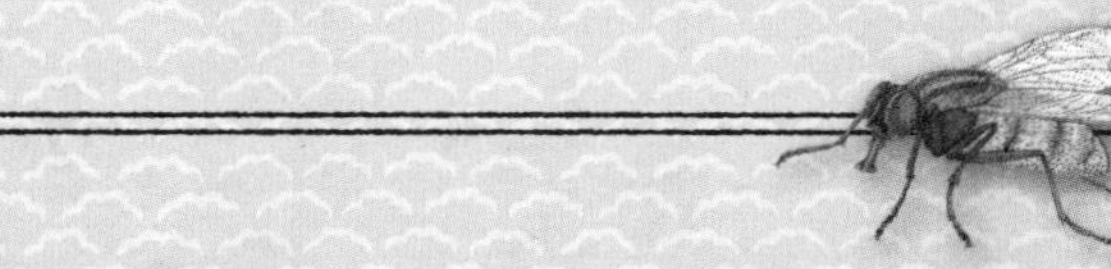

家蝇

拉丁学名：Musca domestica
纲：昆虫纲

家蝇的生命非常短暂：大约 2～4 周。它的足端爪子之间长有爪垫，并且可分泌一种黏液，有助于在光滑的垂直表面或头部朝下时行走。它经常发出"嗡嗡嗡"的声音。家蝇几乎遍布人类居住的地方。（另请参见第 31 页。）

刀嘴海雀

拉丁学名：Alca torda

纲：鸟纲

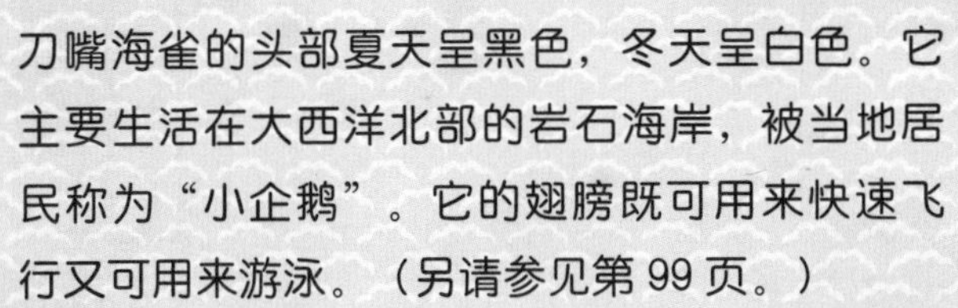

刀嘴海雀的头部夏天呈黑色，冬天呈白色。它主要生活在大西洋北部的岩石海岸，被当地居民称为“小企鹅”。它的翅膀既可用来快速飞行又可用来游泳。（另请参见第 99 页。）

科罗拉多金花虫

拉丁学名：Leptinotarsa decemlineata

纲：昆虫纲

科罗拉多金花虫为可飞行的鞘翅目昆虫，在北美洲的落基山脉地区被发现。冬天，它在巢穴里冬眠；春天则出来活动。它把虫卵直接产在马铃薯叶子上。刚孵化的幼虫呈红色，当变成橙色时，它会钻入土壤中待上三个星期，先成蛹，再变成成虫。科罗拉多金花虫是随着马铃薯一起被引入欧洲的。

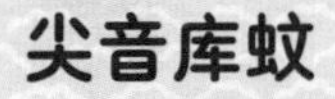

尖音库蚊

拉丁学名：Culex pipiens

纲：昆虫纲

尖音库蚊是一种双翅目昆虫。它具有长长的触角，雌性长有尖且硬的口器，用以刺吸血液。夏天每周吸血两次，冬天每两周吸血一次。血液是雌性产卵的必需品。雄性则以植物的汁液（花蜜或树液）为生。（另请参见第 78 页。）

北美红雀

拉丁学名：Cardinalis cardinalis

纲：鸟纲

雄性北美红雀从羽冠到尾部都呈深红色。它的喙也呈红色，用以捣碎种子等食物。正如大多数的鸣禽那样，北美红雀也可凭借脚爪停留在细枝上。它的鸣管（鸟类的发声器官）非常发达，可以发出各种各样美妙的声音。

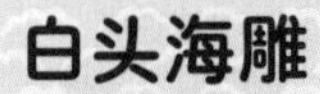

白头海雕

拉丁学名：Haliaeetus leucocephalus

纲：鸟纲

白头海雕为猛禽，头部与尾部羽毛都呈白色，只生活在北美洲地区。1782 年，它被选定为美国的国鸟。这是一种大型肉食性鸟类，也会在海面上捕食水生动物。它的黄色嘴巴呈弯钩形且边缘锋利，脚爪也锐利无比，时刻准备着捕杀猎物。它的翼展可达 2.5 米。白头海雕的伴侣关系非常稳定，但雄性与雌性有时分开迁徙，然后在繁殖地相聚，并且共同在树上或地上搭建高达 4 米的巨大巢穴。

金雕

拉丁学名：Aquila chrysaetos

纲：鸟纲

金雕的翅膀很长，可以连续飞行好几个小时来寻找狍子、蛇、旱獭等猎物。捕食的时候，它先用弯曲的爪子抓住猎物，再用弯钩形的嘴将猎物撕裂。金雕在北亚地区也有分布。（另请参见第 30 页。）

北美洲
水中动物
大西洋旗鱼
额斑刺蝶鱼
大白鲨
大西洋鲑
北方蓝鳍金枪鱼
幽灵蟹（又称沙鲎）
锤头双髻鲨
kuí
鲑鱼
脑珊瑚

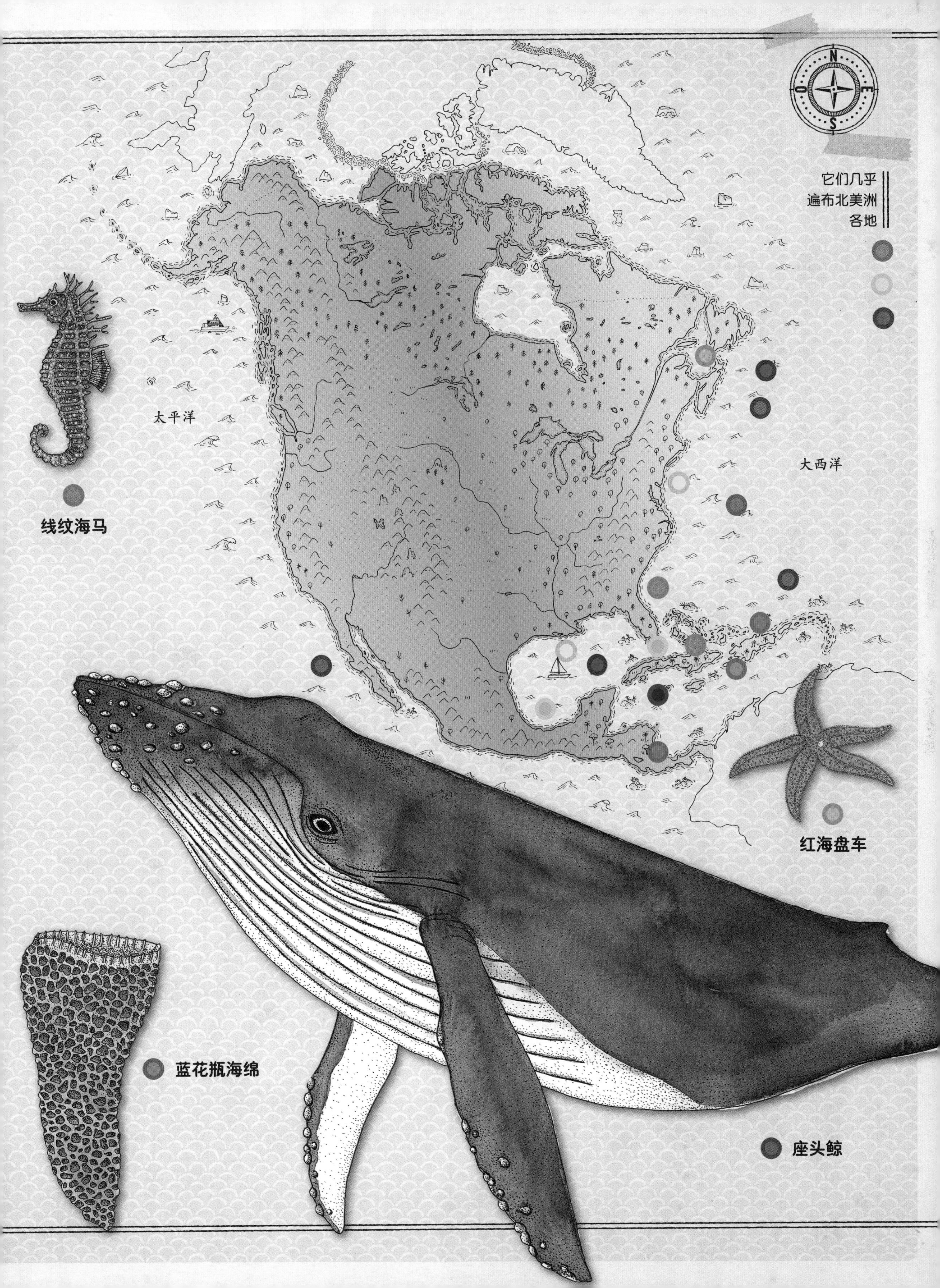

N
E
S
O
它们几乎
遍布北美洲
各地
太平洋
大西洋
线纹海马
红海盘车
蓝花瓶海绵
座头鲸

北美洲

水中动物

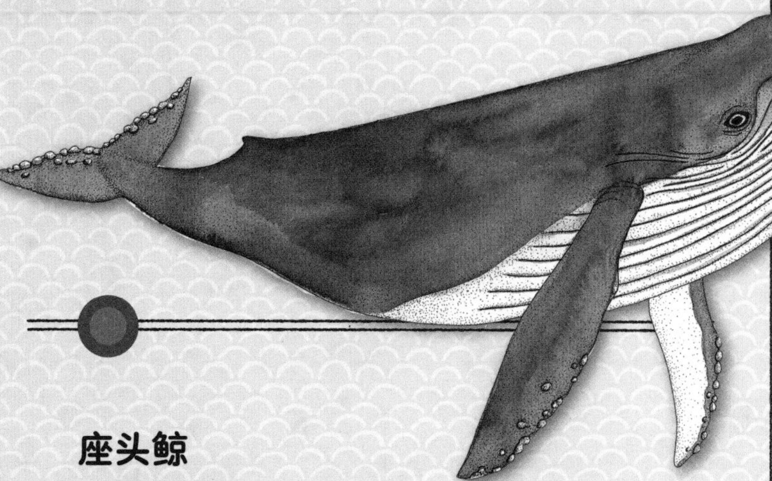

座头鲸

拉丁学名：Megaptera novaeangliae
纲：哺乳纲

座头鲸的背部呈黑色，腹部呈白色，头部与下颚长有一些被称为“结节”的肿瘤状突起。它的鳍长达 4.5 米。它生活在各大洋，在北极地区也有分布。（另请参见第 103 页。）

额斑刺蝶鱼

拉丁学名：Holacanthus ciliaris
纲：硬骨鱼纲

安的列斯群岛*的额斑刺蝶鱼身体呈黄色与蓝色，背鳍与臀鳍末梢尖而长。与盖刺鱼科的其他种类一样，它的身体也扁平如圆盘。额斑刺蝶鱼在南美洲地区也有分布。（另请参见第 82 页。）

* 美洲加勒比海中的群岛。

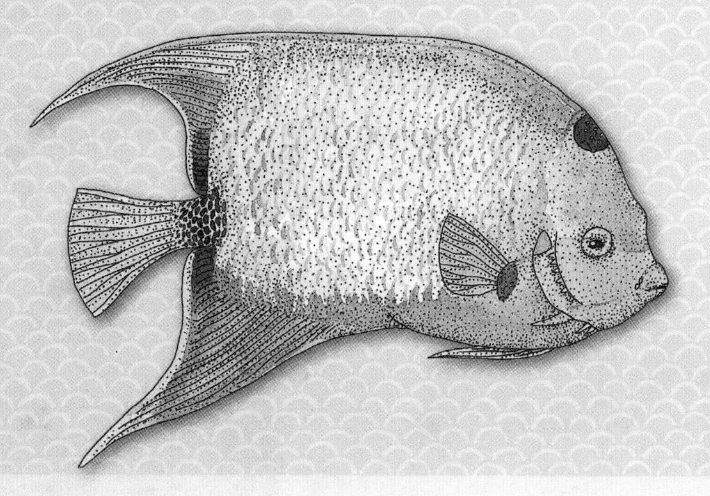

脑珊瑚

拉丁学名：Diploria labyrinthiformis
纲：珊瑚纲

脑珊瑚是由石灰质骨架堆积成的一种珊瑚，又被称为“尼普顿的大脑”。一些微生物藻类与脑珊瑚互相依存。

蝰鱼

拉丁学名：Chauliodus sloani
纲：硬骨鱼纲

蝰鱼生活在海面 2000 米以下的深海地区。它的腹部和嘴里都有发光器官，有助于在黑暗中辨别方向，也是繁殖时吸引其他蝰鱼的信号。

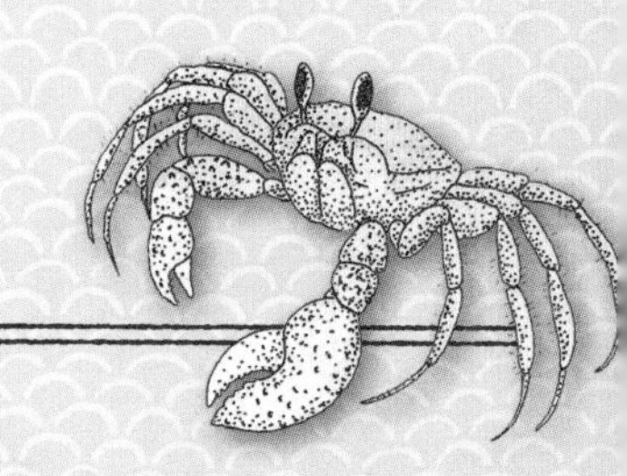

幽灵蟹（又称沙蟹）

拉丁学名：Ocypode quadrata
纲：软甲纲

幽灵蟹为小型螃蟹。它出现得快，消失得也快，因而被称为“幽灵蟹”。它的一只钳比另一只大。常出现在美国的东部海岸。

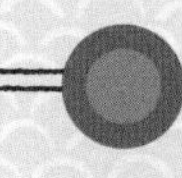

蓝花瓶海绵

拉丁学名：Callyspongia plicifera
纲：海绵纲

蓝花瓶海绵单独活动，身高可达 50 厘米。海绵的外表会让人误以为它是一种植物，实际上它是一种多孔动物。正如其他海绵那样，它也依附在岩石上，以滤食海水中的营养物质为生。

大白鲨

拉丁学名：Carcharodon carcharias
纲：**软骨鱼纲**

大白鲨依靠新月形的尾巴而成为游泳健将，它还能借助尾巴跳出海面。它是非常凶险的捕食者，锋利的牙齿可以撕咬猎物。大白鲨生活在除两极地区以外的各大海洋之中。
（另请参见第 94 页。）

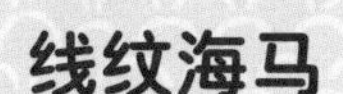

线纹海马

拉丁学名：Hippocampus erectus
纲：**硬骨鱼纲**

线纹海马的背鳍使它可以直立游泳，雄性腹部的育儿囊用来孵卵。线纹海马的尾端经常缠附在海藻上。它的头部形似马头，因此得名“海马”。

大西洋鲑

拉丁学名：Salmo salar
纲：**硬骨鱼纲**

大西洋鲑有银色光泽，出生在淡水河流里，等长到幼鲑阶段时，它便离开淡水游入大海，在海里生活 1～3 年直至长大。然后，它又回到出生的河流里受精、产卵并一直生活到生命结束。大西洋鲑在南美洲地区也有分布。
（另请参见第 83 页。）

红海盘车

拉丁学名：Asterias rubens
纲：**海星纲**

红海盘车的五个腕足下都有吸盘，有助于行走或拉开双壳类食物的外壳。腕足折断后还会再长出来。

大西洋旗鱼

拉丁学名：Istiophorus albicans
纲：**硬骨鱼纲**

大西洋旗鱼呈蓝色，体长可达2米，上吻突出尖长，背鳍长而柔软，有助于跳出海面。大西洋旗鱼是海洋里游泳最快的鱼类，速度可达 110 千米每小时。大西洋旗鱼在南美洲的外海海域也有分布。
（另请参见第 83 页。）

锤头双髻鲨

拉丁学名：Sphyrna zygaena
纲：**软骨鱼纲**

锤头双髻鲨吻部极其特别，它生活在美洲沿岸大西洋温暖的水域里。双髻鲨属共有九个物种，只有一种会攻击人类，锤头双髻鲨不属于这一种。锤头双髻鲨在南亚地区也有分布。（另请参见第 46 页。）

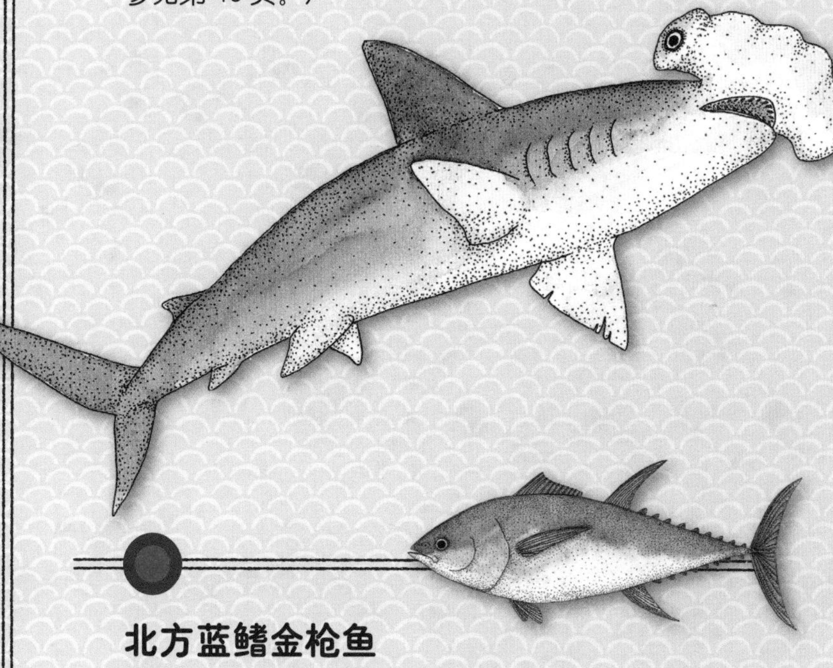

北方蓝鳍金枪鱼

拉丁学名：Thunnus thynnus
纲：**硬骨鱼纲**

北方蓝鳍金枪鱼是游泳健将，速度可达 30 千米每小时，每天的游程非常长。这种金枪鱼因其可食用的红色鱼肉而被过度捕捞，数量大减甚至濒临灭绝。北方蓝鳍金枪鱼在南美洲地区也有分布。（另请参见第 82 页。）

南美洲
陆 地 动 物
棕头蜘蛛猴
染色箭毒蛙
褐喉树懒
美洲鬣蜥
liè
鬃狼
草莓箭毒蛙
玻利维亚卷尾豪猪

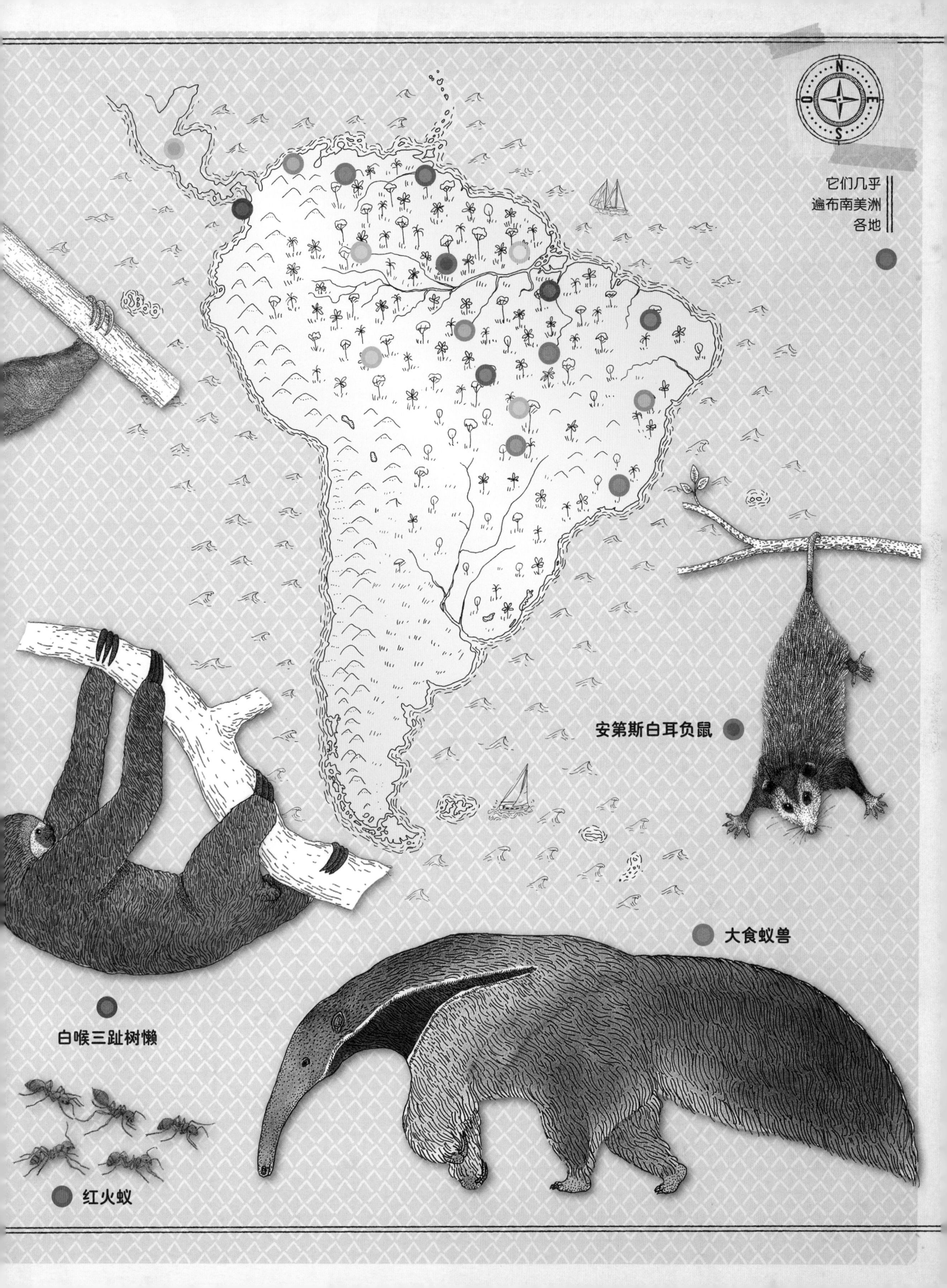
N
E
S
O
它们几乎
遍布南美洲
各地
安第斯白耳负鼠
大食蚁兽
白喉三趾树懒
红火蚁

南美洲

陆 地 动 物

玻利维亚卷尾豪猪

拉丁学名：Coendou prehensilis
纲：哺乳纲

玻利维亚卷尾豪猪为树栖型豪猪，是一种食草动物。它的身上长满了白色的棘刺，长长的尾巴有助于悬挂在树枝上。

美洲鬣蜥

拉丁学名：Iguana iguana
纲：爬行纲

树栖型的蜥蜴美洲鬣蜥尽管体长可达 1.5 米，但绿色或灰色的身躯有助于伪装。它那布满环形花纹的尾巴犹如一根长鞭。美洲鬣蜥还长有棘状鳞。

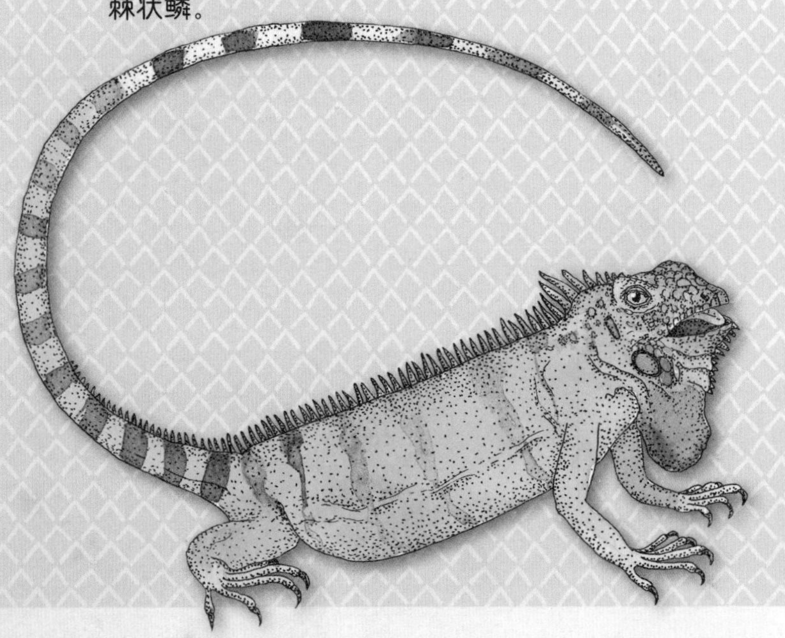

棕头蜘蛛猴

拉丁学名：Ateles fusciceps
纲：哺乳纲

棕头蜘蛛猴的长尾巴与四肢有助于快速地在树木之间跳跃。它们喜欢集群生活，成员数量约 20 ～ 30 只。以树上的成熟水果为食。遇险时会发出叫声。

染色箭毒蛙

拉丁学名：Dendrobates tinctorius
纲：两栖纲

染色箭毒蛙为树栖蛙类。它的皮肤可分泌毒液，并且通过鲜艳的颜色来警告敌人！亚马孙流域的印第安人通过煮染色箭毒蛙来获取它的毒液并涂抹在箭头上。人们也称这种蛙为“致命毒蛙”。

鬃狼

拉丁学名：Chrysocyon brachyurus
纲：哺乳纲

鬃狼生活在高草草原*地区。成年的鬃狼毛皮呈红棕色。但它的鬃毛和四肢都呈黑色。

* 主要指北美洲温带草原，那里的草能长到 1.5 米高。

安第斯白耳负鼠

拉丁学名： *Didelphis marsupialis*
纲： 哺乳纲

这种白耳负鼠体型大如猫，白天睡觉，晚上出来活动，它的眼睛因此习惯黑暗的环境。遇险时，它会散发出一种非常难闻的味道，还会装死。（另请参见第 63 页。）

白喉三趾树懒

拉丁学名： *Bradypus tridactylus*
纲： 哺乳纲

白喉三趾树懒倒挂着在树枝上移动。它每天需要睡 20 个小时。随着年龄的增长，它的毛皮变得越来越绿，因为里面长出了绿藻！

大食蚁兽

拉丁学名： *Myrmecophaga tridactyla*
纲： 哺乳纲

大食蚁兽用爪子挖掘蚂蚁或白蚁的巢穴，然后伸出有黏液的长舌头来舐食蚁类。

褐喉树懒

拉丁学名： *Bradypus variegatus*
纲： 哺乳纲

褐喉树懒有时倒挂在树上，有时坐在树枝上，过着慢节奏的生活，懒如其名。它以树叶为食。它的鼻子向上翘着，尾巴很短，是最常见的树懒种类，每天需要睡十几个小时。

红火蚁

拉丁学名： *Solenopsis invicta*
纲： 昆虫纲

红火蚁主要以植物、昆虫甚至巢穴中的雏鸟为食，还会危害农作物！它原产于南美地区，在南亚地区以及大洋洲地区也有分布。（另请参见第 38 页和第 87 页。）

草莓箭毒蛙

拉丁学名： *Dendrobates pumilio*
纲： 两栖纲

草莓箭毒蛙为小型蛙类，生活在中美洲地区。它鲜艳的颜色警告敌人它的皮肤表面有毒液。毒液可使人致命。

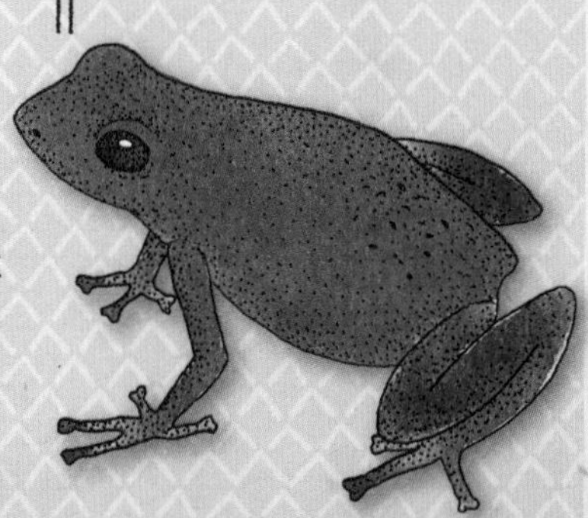

南美洲
空中动物
五彩金刚鹦鹉
（又称绯红金刚鹦鹉）
凹嘴巨嘴鸟
马采拉凤蛱蝶
尖音库蚊
美洲红鹮
安第斯神鹫

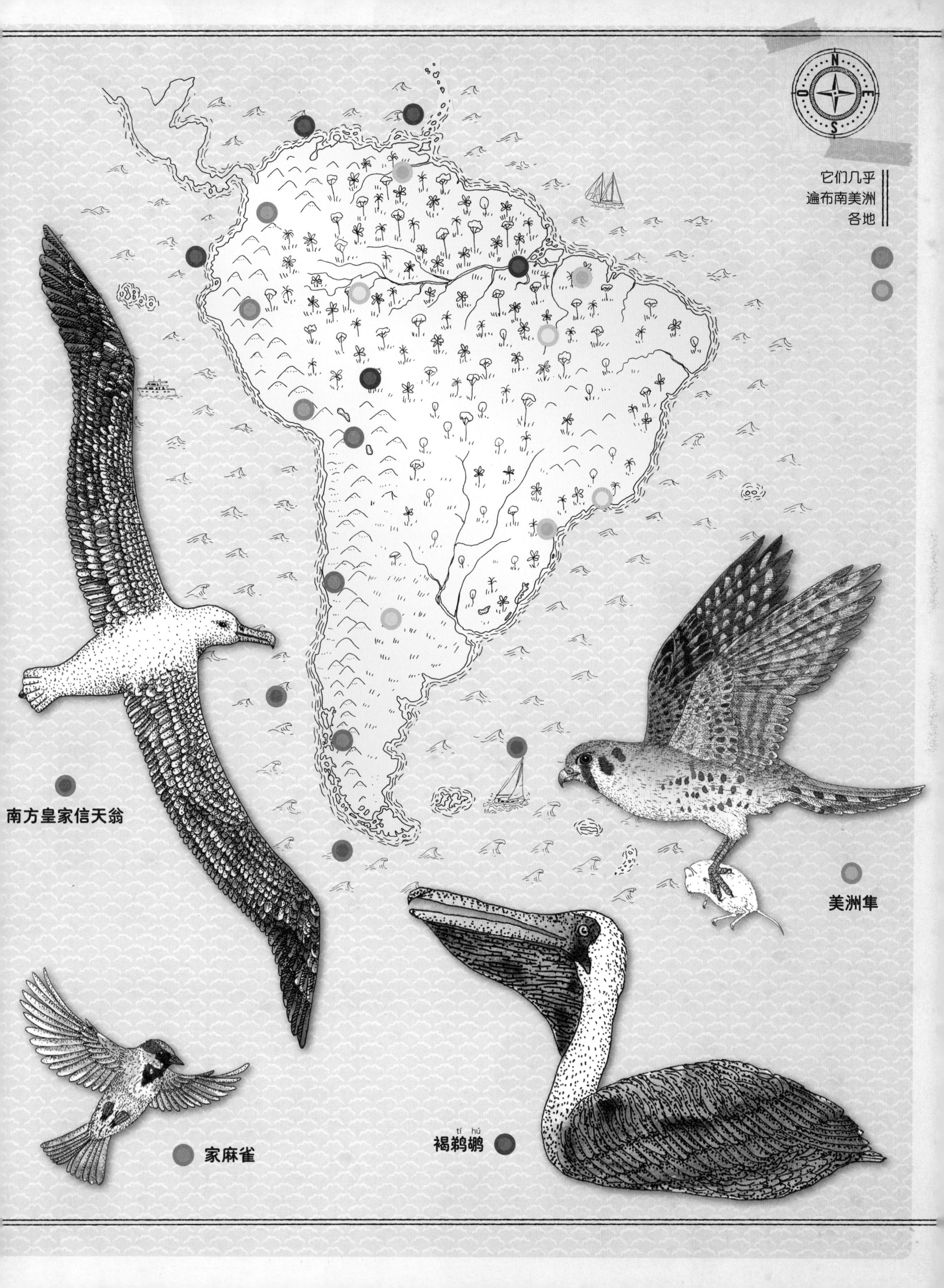

N
E
S
O
它们几乎
遍布南美洲
各地
南方皇家信天翁
美洲隼
tí hú
褐鹈鹕
家麻雀

南美洲

空 中 动 物

南方皇家信天翁

拉丁学名：Diomedea epomophora
纲：鸟纲

这是世界上最大的海鸟，翼展长达 3 米。与大多数的信天翁一样，它也生活在南太平洋地区。法国作家夏尔·波德莱尔曾如此写道："水手们常常是为了开心取乐 / 捉住信天翁，这些海上的飞禽 / 它们懒懒地追寻、陪伴着旅客 / 而船是在苦涩的深渊上滑进。"*（另请参见第 90 页。）

* 诗歌《信天翁》（L'albatros），郭宏安译

美洲红鹮

拉丁学名：Eudocimus ruber
纲：鸟纲

美洲红鹮的喙细长且弯曲，有助于它在河流的河口地带或红树林群落里觅食。它主要以虾类为食，因此颜色非常鲜艳。美洲红鹮集群生活，会在空中齐飞。为了提防敌害，美洲红鹮通常在同一棵树上筑巢，雄性与雌性轮流孵蛋并照顾雏鸟。

褐鹈鹕

拉丁学名：Pelecanus occidentalis
纲：鸟纲

体型庞大的褐鹈鹕每天需捕食 2 千克的海鱼。常常成群地冲向有沙丁鱼和凤尾鱼的浅滩，用能扩能缩的喉囊像渔网那样捕食鱼类。

尖音库蚊

拉丁学名：Culex pipiens
纲：昆虫纲

与双翅目昆虫一样，尖音库蚊只有一对狭长的翅膀。在不飞行的时候，它会收起翅膀。它还有长长的触角（雄性的触角上长有茸毛），但只有雌性长有一个尖且硬的刺吸式口器，用来刺吸血液。（另请参见第 67 页。）

美洲隼

拉丁学名：Falco sparverius
纲：鸟纲

美洲隼为白天活动的小型红隼，分布在整个美洲地区。它在树洞、岩石或村庄等地方筑巢生活。有时，美洲隼还会赶走啄木鸟或松鼠并侵占它们的巢穴。（另请参见第 67 页。）

五彩金刚鹦鹉（又称绯红金刚鹦鹉）

拉丁学名：Ara macao
纲：鸟纲

五彩金刚鹦鹉生活在热带雨林地区，经常20多只一起生活。它们的平均寿命约50岁。羽毛颜色非常鲜艳，主要以红色为主，翅膀为黄色和蓝色。眼睛四周的皮肤呈白色。喙强劲有力，便于啄食带壳的水果以及种子。夜间活动的猛禽是这种大型鹦鹉的天敌。

马采拉凤蛱蝶

拉丁学名：Marpesia marcella
纲：昆虫纲

马采拉凤蛱蝶后翅末端长有“尾巴”，是南美洲的特有物种，主要生活在潮湿的热带雨林地区。

家麻雀

拉丁学名：Passer domesticus
纲：鸟纲

家麻雀为鸣禽，几乎遍布世界各个人类居住的地方！在19世纪被引入美洲，喜欢生活在乡村或城镇里。它在“集体公寓”里睡觉，常常在地上觅食。它的尾巴上长有12根尾羽，有助于飞行。

安第斯神鹫

拉丁学名：Vultur gryphus
纲：鸟纲

安第斯神鹫为大型秃鹫，身上的羽毛呈金属黑色和白色，头部和颈部却是光秃秃的。雄鹫头上长有一个肉冠，但雌鹫没有。这种秃鹫用喙撕咬美洲驼等哺乳动物的腐尸。雌鹫每2年在岩壁石缝间的巢中产一枚蛋。

凹嘴巨嘴鸟

拉丁学名：Ramphastos vitellinus
纲：鸟纲

凹嘴巨嘴鸟的背部、翅膀以及尾巴都呈黑色，胸部呈黄色但外围为白色、红色，尾的腹面也呈红色。这种鸟类不善于飞行，主要栖息在森林里水源附近的树木上。它的喙巨大但轻巧，用来吞食鸟蛋、捕食小型动物或叼食地上的水果。凹嘴巨嘴鸟是南美洲特有的物种。

南美洲
水 中 动 物
长吻原海豚
飞鱼
锥吻古鳄
额斑刺蝶鱼
森蚺
北方蓝鳍金枪鱼
海鬣蜥

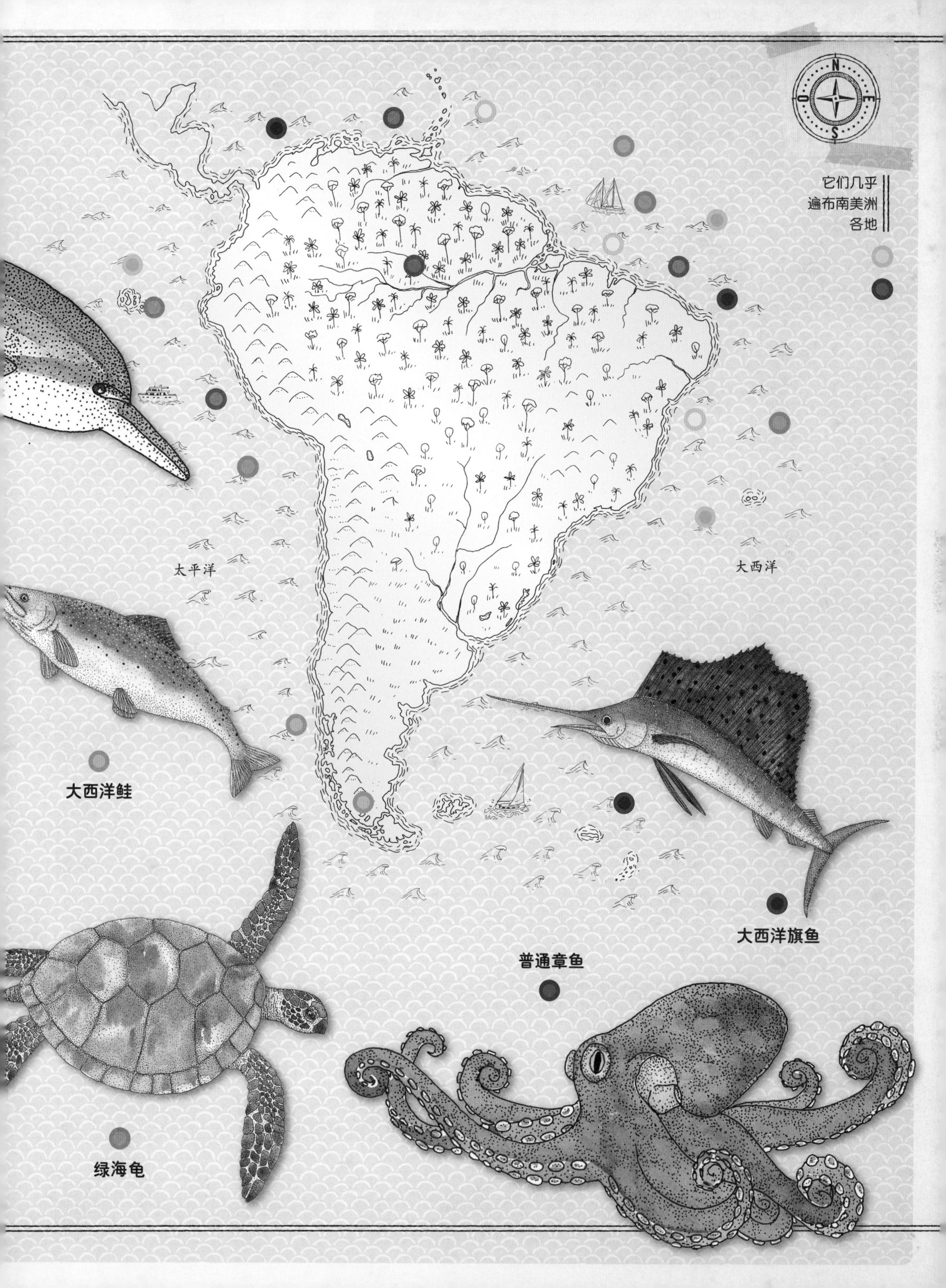
N
E
S
O
它们几乎
遍布南美洲
各地
太平洋
大西洋
大西洋鲑
大西洋旗鱼
普通章鱼
绿海龟

南美洲

水 中 动 物

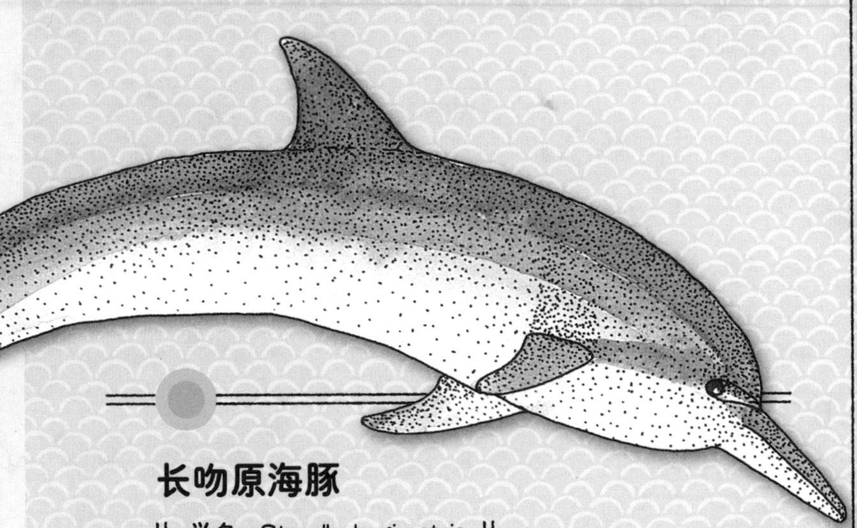

长吻原海豚

学名：Stenella longirostris
纲：哺乳纲

长吻原海豚集群生活在热带水域里，成员数量为 20 ～ 100 只，它们善于跳水，时常一起表演精彩的水面跳跃。

锥吻古鳄

拉丁学名：Paleosuchus trigonatus
纲：爬行纲

锥吻古鳄生活在森林里，觅食小型哺乳动物。锥吻古鳄也是一种陆地动物。它的嘴巴比它的近亲恒河鳄更短、更宽。

飞鱼

拉丁学名：Exocoetus volitans
纲：硬骨鱼纲

飞鱼生活在海洋上层，主要以浮游动物为食，同时它们也是金枪鱼、剑鱼等鱼类的猎物。世界上约有 70 种飞鱼。（另请参见第 46 页。）

额斑刺蝶鱼

拉丁学名：Holacanthus ciliaris
纲：硬骨鱼纲

安的列斯群岛的额斑刺蝶鱼也会出现在巴西海岸附近。额斑刺蝶鱼单独或成对在珊瑚礁岩里觅食最喜欢的食物——海绵。额斑刺蝶鱼的体长可达 45 厘米。（另请参见第 70 页。）

大西洋鲑

拉丁学名：Salmo salar
纲：硬骨鱼纲

20 世纪初，大西洋鲑因渔业需求而被引入阿根廷和智利。在巴塔哥尼亚最南部的众多湖泊与河流里，大西洋鲑发育得最好，甚至诞生了一种只在淡水水域生活的亚种。智利是世界上第二大大西洋鲑的产地，仅居挪威之后。（另请参见第 70 页。）

北方蓝鳍金枪鱼

拉丁学名：Thunnus thynnus
纲：硬骨鱼纲

北方蓝鳍金枪鱼为体型庞大的热血鱼（鱼类中少见的特征），生活在委内瑞拉和圭亚那的外海海域。它先在波涛汹涌的墨西哥湾产卵，然后为了觅食进行洄游，最后再回到繁殖地。（另请参见第70页。）

大西洋旗鱼

拉丁学名：Istiophorus albicans
纲：硬骨鱼纲

大西洋旗鱼为蓝色大型鱼，上吻尖长，形似船帆的背鳍有助于它跳出海面。尤其偏爱大西洋的温暖水域。（另请参见第 70 页。）

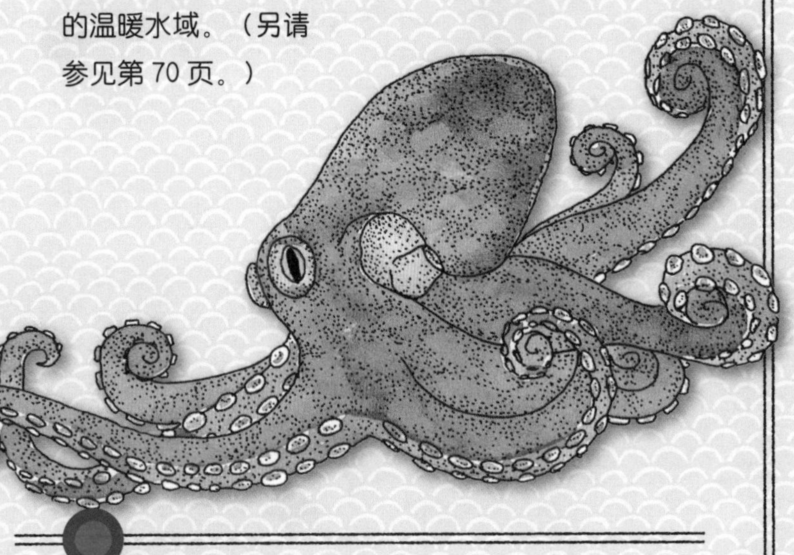

普通章鱼

拉丁学名：Octopus vulgaris
纲：头足纲

普通章鱼非常聪明，长有 8 只带吸盘的触手。已在地球上生存了几百万年。逃跑时，它会喷出墨汁似的物质。这种大型软体动物在亚洲南部地区和非洲地区也有分布。（另请参见第 47 页和第 58 页。）

海鬣蜥

拉丁学名：Amblyrhynchus cristatus
纲：爬行纲

海鬣蜥只分布在科隆群岛，是世界上唯一生活在海洋环境中的蜥蜴。它以海藻为食。在地面上时，海鬣蜥将由盐腺从食物中分离出来的盐分从鼻孔里喷出来。

森蚺

拉丁学名：Eunectes murinus
纲：爬行纲

森蚺是世界上最大的蛇，体重可达 250 千克。雄性体长可达 5 米，雌性可达 8 米。它有时在淤泥中爬行，有时在淡水沼泽中游泳，并猎食生活在这些地方的啮齿动物、鸟类或小型凯门鳄。森蚺是缠食性动物：它会用身体将猎物卷缠绞死。

绿海龟

拉丁学名：Chelonia mydas
纲：爬行纲

与其他海龟一样，绿海龟的壳比陆地龟的更轻，而且头和四肢都不可收缩。它的后肢形似棕榈叶，有助于游泳。与其他海龟不同的是，绿海龟是食草动物，它身体的绿色就来自于食物。

大洋洲
陆地动物
穴兔
野猪
树袋熊
伞蜥蜴
袋獾
驴
绵羊

N
E
S
O
它们几乎
遍布大洋洲
各地
红火蚁
塔斯马尼亚袋熊
澳洲巨型竹节虫
褐几维鸟
（又称奇异鸟）
红大袋鼠

大洋洲

陆　地　动　物

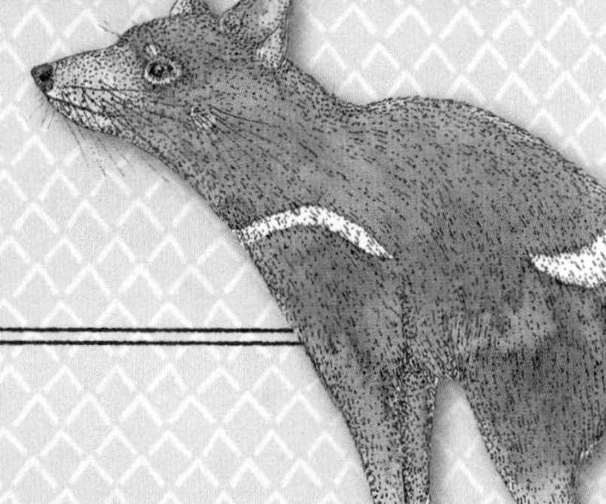

袋獾

拉丁学名：Sarcophilus harrisii
纲：哺乳纲

袋獾是澳大利亚最大的食肉有袋动物，它的毛发呈黑色，体型与狗的差不多。确切来说，它在600 年前已从澳大利亚大陆消失了，只生活在塔斯马尼亚岛上。袋獾因叫声尖锐刺耳而被称为“恶魔”。常在夜间出来猎食。它的牙齿可以咬碎骨头，例如沙袋鼠的骨头，也喜欢捕食鱼类和鸟类。

伞蜥蜴

拉丁学名：Chlamydosaurus kingii
纲：爬行纲

伞蜥蜴为澳洲伞蜥，平均体长为 90 厘米，但最长可达 1.6 米！它通常生活在树上，并以昆虫为食。在地面上，当遇到巨蟒或野猫等天敌时，它会用后肢站立起来，展开直径约 30 厘米的颈部薄膜，然后张开大嘴威慑敌人。

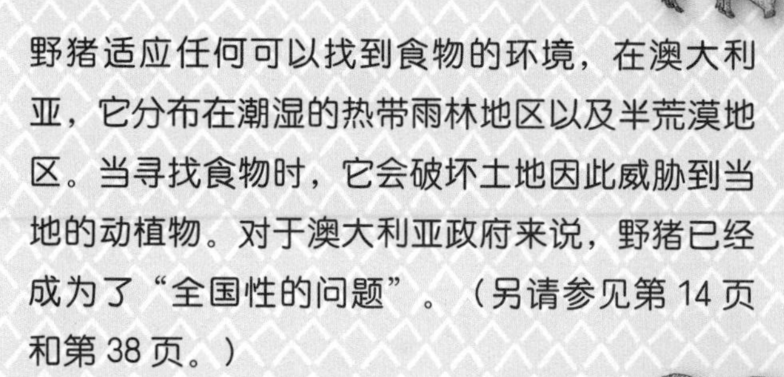

野猪

拉丁学名：Sus scrofa
纲：哺乳纲

野猪适应任何可以找到食物的环境，在澳大利亚，它分布在潮湿的热带雨林地区以及半荒漠地区。当寻找食物时，它会破坏土地因此威胁到当地的动植物。对于澳大利亚政府来说，野猪已经成为了“全国性的问题”。（另请参见第 14 页和第 38 页。）

绵羊

拉丁学名：Ovis aries
纲：哺乳纲

在澳大利亚辽阔的大草原上，人们为了获取羊肉、羊奶以及卷曲的羊毛而大量养殖这种有反刍行为的食草动物。

穴兔

拉丁学名：Oryctolagus cuniculus
纲：哺乳纲

19 世纪由英国人引入的穴兔如今在澳大利亚分布非常广泛。它们集群生活，在干燥的土地里挖掘大量的洞穴。第一只发现危险的穴兔会竖起白色尾巴作为信号并用后肢拍打地面来警告群体中的其他成员。（另请参见第 14 页。）

驴

拉丁学名：Equus asinus
纲：哺乳纲

驴为家畜，耳朵大、尾巴长且体型小。被引入澳大利亚，但后来又变为野生的动物。这种现象叫做“奴隶逃亡”。澳大利亚的单峰骆驼同样也已变为野生动物。

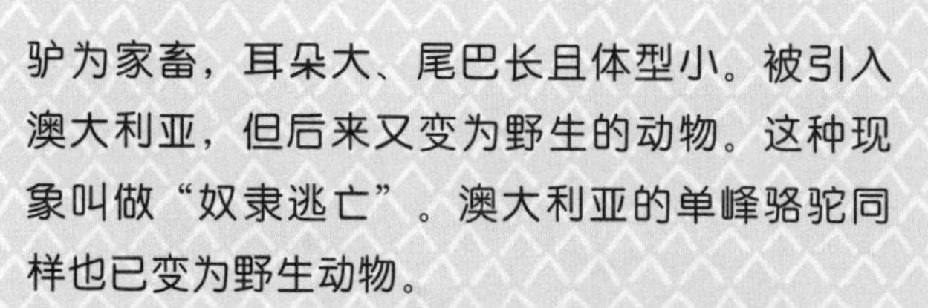

褐几维鸟（又称奇异鸟）

拉丁学名：Apteryx australis
纲：**鸟纲**

“几维（kiwi）”来自毛利人为这种鸟所取的名字：kivi-kivi。这种生活在新西兰的鸟类翅膀已经退化：因此不能飞行。褐几维鸟雄性与雌性结伴生活，寿命约为 30 多年。

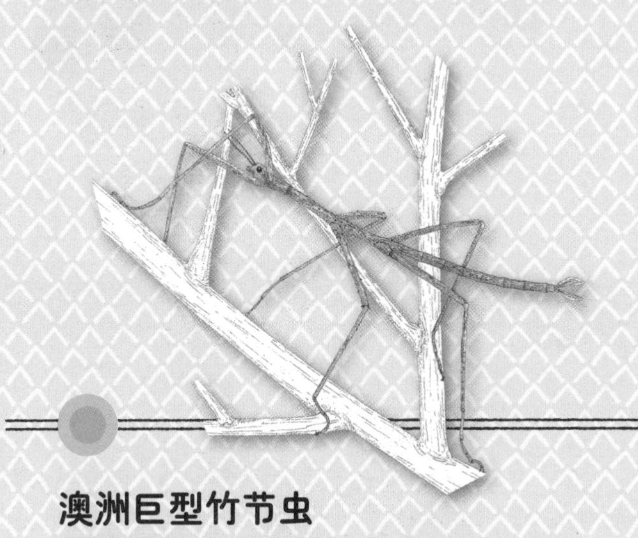

澳洲巨型竹节虫

拉丁学名：Ctenomorpha chronus
纲：**昆虫纲**

它细长似竹节，人们取此名是为了强调它高超的伪装能力。这是世界上最大的昆虫，体长可达 30 厘米。巨型竹节虫白天静状在树枝上，晚上才去觅食。当被天敌抓住脚时，它会快速断肢逃跑。巨型竹节虫尤其偏爱生活在热带雨林地区。

塔斯马尼亚袋熊

拉丁名字：Vombatus ursinus
纲：**哺乳纲**

塔斯马尼亚袋熊为独居性有袋食草动物，是澳大利亚特有的物种，也是世界上体型最大的擅长挖掘洞穴的哺乳动物。体长通常约 1 米，四脚着地行走，晚上才出来活动觅食。雌性长有向后开口的育儿袋，用来哺育幼仔。塔斯马尼亚袋熊已被列为保护动物。

树袋熊

拉丁学名：Phascolarctos cinereus
纲：**哺乳纲**

树袋熊是澳大利亚特有的有袋动物，头部肥大，耳朵大且长有绒毛，主要以桉树的树叶为食。臀部的毛皮非常厚密，就像它的“坐垫”。树袋熊因毛皮价值而长期被猎杀，如今只在澳大利亚东海岸才有分布。

红火蚁

拉丁学名：Solenopsis invicta
纲：**昆虫纲**

原产于南美洲的红火蚁是无意间被引入澳大利亚的。它们主要生活在蚁丘（由土壤堆积而成）里，对农作物有害。如果人踩到蚁丘，红火蚁会成群出巢进行攻击！红火蚁在南亚地区也有分布。（另请见第 38 页和第 75 页。）

红大袋鼠

拉丁学名：Macropus rufus
纲：**哺乳纲**

红大袋鼠是世界上体型最大的袋鼠，不会跑，但会在澳大利亚的干旱平原上跳跃。它的尾巴有助于保持平衡并且为跳跃提供推动力。它的跳跃距离可达 10 米。休息时，它用后肢与尾巴搭起“三脚架”，保持站立姿势。

大洋洲
空 中 动 物
玫瑰青凤蝶
葵花凤头鹦鹉
新几内亚极乐鸟
南方皇家信天翁
西方蜜蜂
虎皮鹦鹉
黄缘蛱蝶

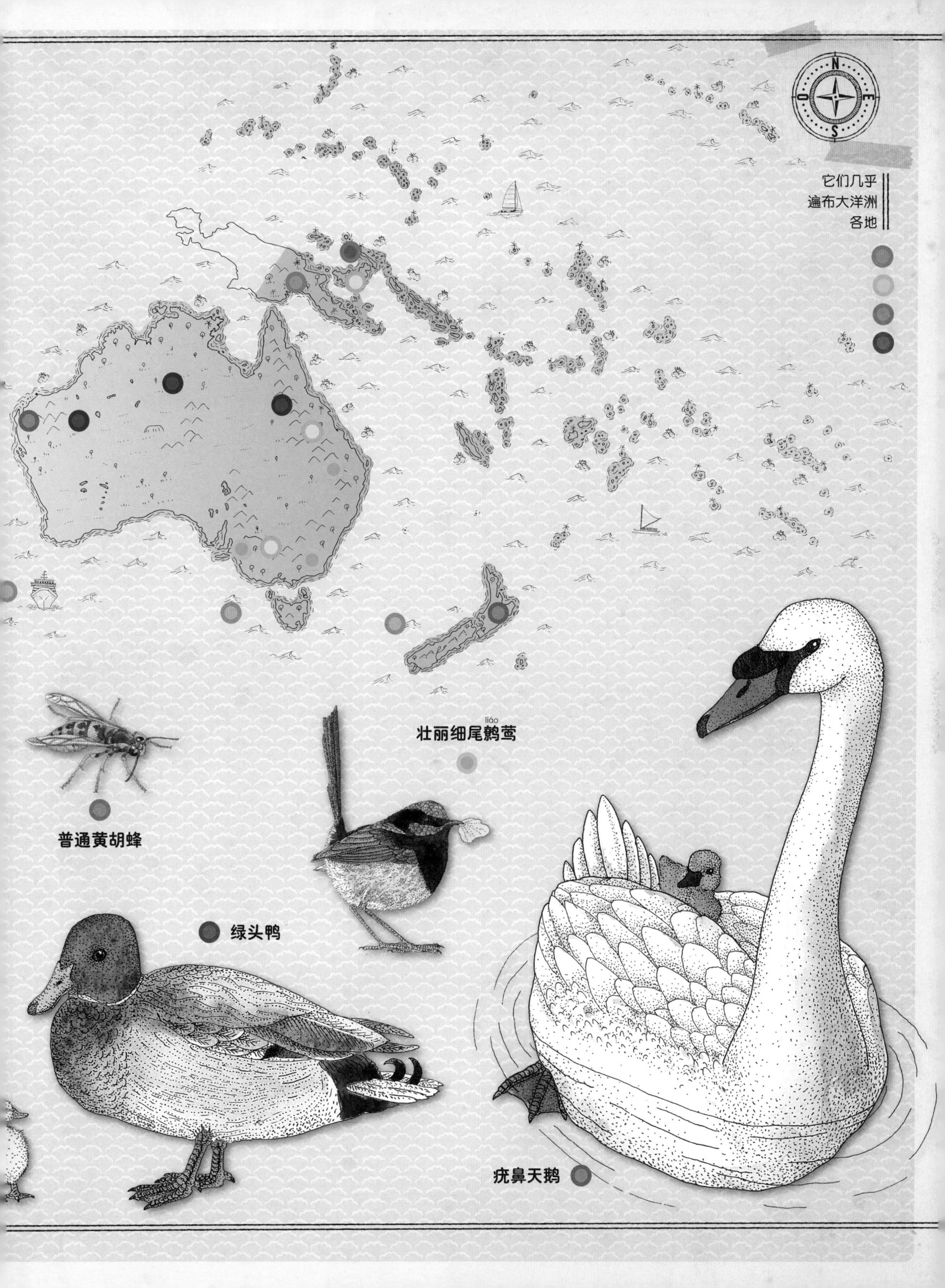
N
E
S
O
它们几乎
遍布大洋洲
各地
liáo
壮丽细尾鹩莺
普通黄胡蜂
绿头鸭
疣鼻天鹅

大洋洲

空中动物

葵花凤头鹦鹉

拉丁学名：Cacatua galerita
纲：鸟纲

葵花凤头鹦鹉为白色的大型鹦鹉，叫声嘈杂，头上的羽冠由 6 根黄色羽毛组成。它是大洋洲某些地方的特有物种。在高空中飞行时，会像“自由落体”一般旋转数个大圈后落地。葵花凤头鹦鹉对农作物有害，因为它们以植物为食：它会吃田地里的谷穗和刚播种的种子，还会用钩形的喙刺穿干草捆外的塑料膜。

黄缘蛱蝶

拉丁学名：Nymphalis antiopa
纲：昆虫纲

黄缘蛱蝶是一种白天活动的蝶类，显著特征是寿命长：可以存活 10 ～ 11 个月*。黄缘蛱蝶已成为稀有动物。（另请参见第 43 页。）

*一般蝴蝶成虫的寿命大约只有 2 周。

疣鼻天鹅

拉丁学名：Cygnus olor
纲：鸟纲

在飞行时，疣鼻天鹅的头和颈部向前伸直。尽管体重达 8 ～ 10 千克，但它的飞行速度仍可达到 85 千米每小时。它也善于游泳，会先在水面上助跑，提高速度后再起飞。疣鼻天鹅是被引入澳大利亚和新西兰的，但人们把它视为有害动物。（另请见第 30 页。）

绿头鸭

拉丁学名：Anas platyrhynchos
纲：鸟纲

绿头鸭是一种在水面上觅食的鸭子：它将头斜着伸入水里，因此会露出尾巴。绿头鸭也会在草地上吃草。它是一种杂食动物：种子、鱼、草以及昆虫都是它的食物。（另请参见第 35 页。）

壮丽细尾鹩莺

拉丁学名：Malurus cyaneus
纲：鸟纲

壮丽细尾鹩莺只生活在大洋洲。在繁殖时期，雄性的羽毛呈明亮的蓝色。雌性与非繁殖时期的雄性都呈深褐色。这种现象被称为两性异形*。这种小型鸟类能适应牧地、花园以及城市等各种栖息环境。

*指同一物种不同性别之间的差别。

南方皇家信天翁

拉丁学名：Diomedea epomophora
纲：鸟纲

南方皇家信天翁是世界上最大的海鸟，当它张开双翅时，翼展可达 3 米。忠诚的雄性每年与雌性相聚一次，以便繁殖后代。（另请参见第 79 页。）

普通黄胡蜂

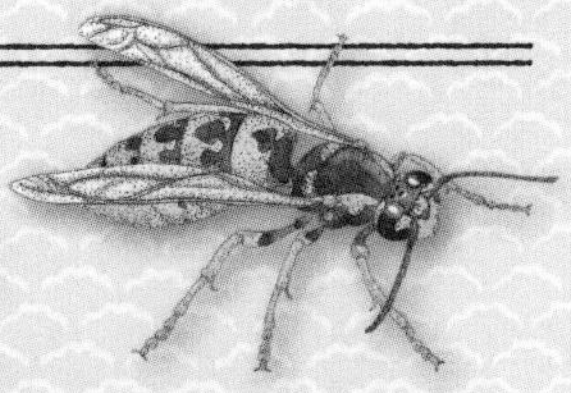

拉丁学名：Vespula vulgaris
纲：昆虫纲

普通黄胡蜂可通过黑黄相间的腹部、两对强有力的翅膀以及蜇针来识别。这种食肉昆虫以毛毛虫以及其他花园害虫为食。黄胡蜂可以叮蜇数次而不失去蜇针，这是它与蜜蜂的不同之处。

虎皮鹦鹉

拉丁学名：Melopsittacus undulatus
纲：鸟纲

虎皮鹦鹉是一种以游牧方式生活在澳大利亚的鸟类，叫声清脆优美，集群生活在灌木丛等开放的环境中。它主要以草以及鬣刺（一种生长在沙地上的植物）的种子为食，有时也吃种植的谷物。除金丝雀外，虎皮鹦鹉是世界上被驯养最多的鸟类。

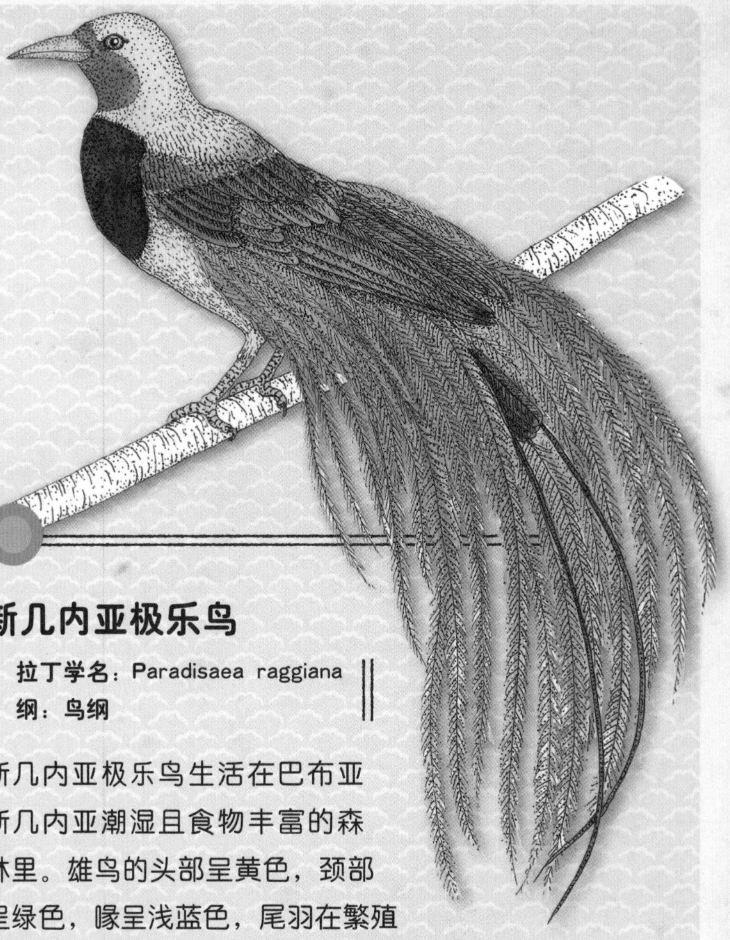

新几内亚极乐鸟

拉丁学名：Paradisaea raggiana
纲：鸟纲

新几内亚极乐鸟生活在巴布亚新几内亚潮湿且食物丰富的森林里。雄鸟的头部呈黄色，颈部呈绿色，喙呈浅蓝色，尾羽在繁殖期呈鲜艳的橙红色。雄鸟因其求偶舞蹈而出名。在求偶时，二十几只雄性极乐鸟一起跳舞并频频发出响亮的叫声，最后由雌鸟从中选择自己的配偶。

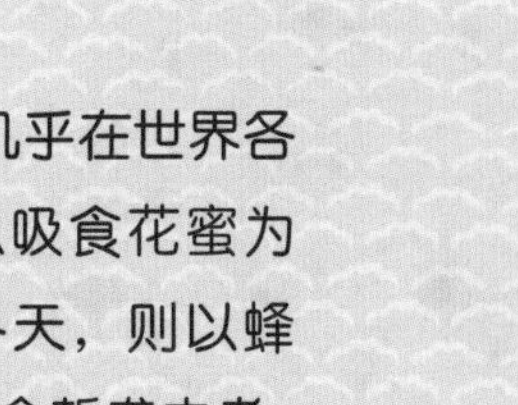

西方蜜蜂

拉丁学名：Apis mellifera
纲：昆虫纲

西方蜜蜂原产于东南亚地区，现在几乎在世界各地被养殖以获取蜂蜜。夏天，它以吸食花蜜为生，同时也采集花粉喂养幼蜂；冬天，则以蜂巢中的蜂蜜为食。受到袭击时，蜜蜂会蜇袭击者，但会因失去蜇针而很快死亡。
（另请参见第 19 页。）

玫瑰青凤蝶

拉丁学名：Graphium weiskei
纲：昆虫纲

玫瑰青凤蝶是一种夜间活动的蝶类，翅膀上长有紫色的斑点，可生活在海拔高达 2400 米的地区。

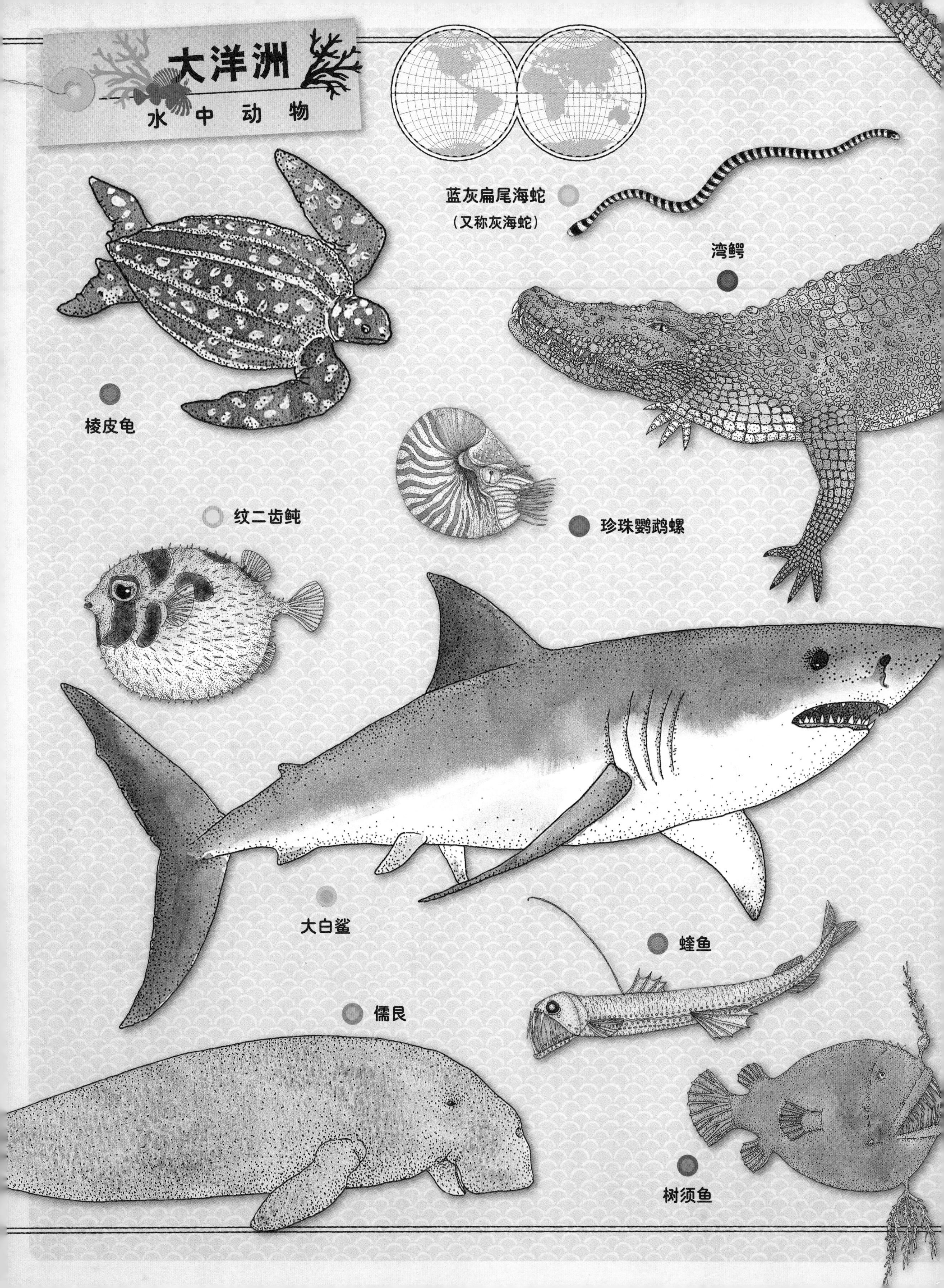
大洋洲
水中动物
蓝灰扁尾海蛇
（又称灰海蛇）
湾鳄
棱皮龟
纹二齿鲀
珍珠鹦鹉螺
大白鲨
蝰鱼
儒艮
树须鱼

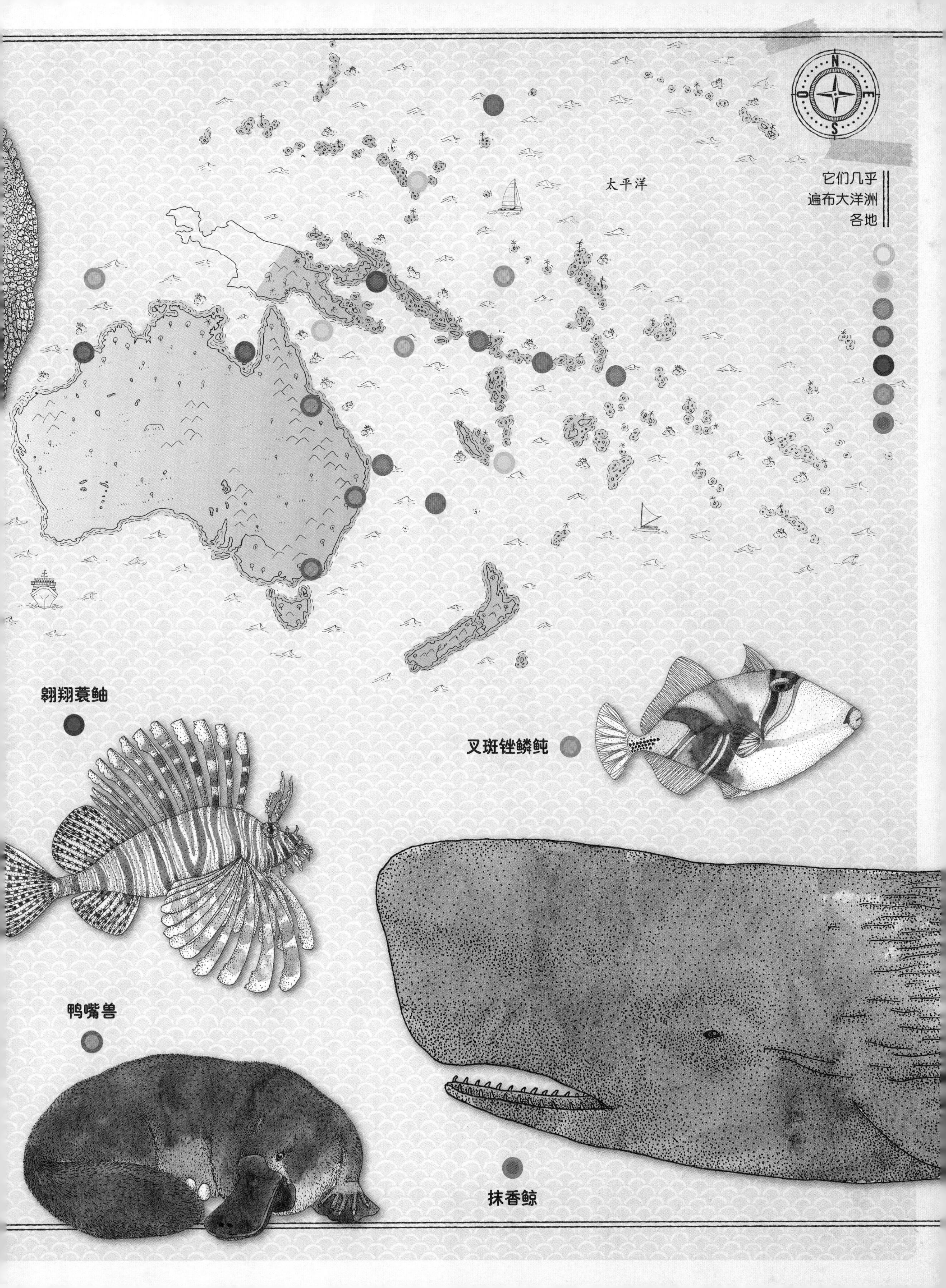
太平洋
它们几乎
遍布大洋洲
各地
翱翔蓑鲉
叉斑锉鳞鲀
鸭嘴兽
抹香鲸

大洋洲

水中动物

鸭嘴兽

拉丁学名：*Ornithorhynchus anatinus*
纲：哺乳纲

鸭嘴兽的嘴巴形似鸭嘴，它是世界上唯一产蛋的哺乳动物！在澳大利亚的河岸边，雌性用腹部和像毯子一样的尾巴保护它的蛋。待蛋孵化后，雌性会为幼仔哺乳。

棱皮龟

拉丁学名：*Dermochelys coriacea*
纲：爬行纲

棱皮龟是世界上最大的龟类。此外，它还保持着游泳距离的世界记录：迁徙距离长达好几千千米！（另请参见第 59 页。）

珍珠鹦鹉螺

拉丁学名：*Nautilus pompilius*
纲：头足纲

珍珠鹦鹉螺为软体动物，直径约 20 厘米，主要生活在澳大利亚的外海海域、太平洋岛屿附近以及印度洋海域。它的壳体呈螺旋形，内有多个被隔开的腔室，躯体居住在第一间。鹦鹉螺约有 90 只触手。鹦鹉螺的外形与它史前时期的祖先基本保持一致。它的祖先生活在 4 亿年前，比恐龙（2 亿年前）更早出现在地球上。

抹香鲸

拉丁学名：*Physeter macrocephalus*
纲：哺乳纲

体型庞大的抹香鲸（体长可达 20 米）在各大海洋都有分布。它以海鱼以及包括大王乌贼在内的各种乌贼为食。（另请参见第 34 页和第 98 页。）

蝰鱼

拉丁学名：*Chauliodus sloani*
纲：硬骨鱼纲

蝰鱼的下颚非常奇特，因为牙齿太长无法闭合而一直保持张开！这种深海鱼类生活在海面 2000 米以下的地方。（另请参见第 70 页。）

儒艮

拉丁学名：*Dugong dugon*
纲：哺乳纲

儒艮是世界上最濒危的海洋哺乳动物。它长有一条三角形的尾巴，这是它与海牛的不同之处。儒艮生活在太平洋和印度洋海滨的浅水地带。（另请参见第 58 页。）

树须鱼

拉丁学名：*Linophryne arborifera*
纲：硬骨鱼纲

树须鱼生活在寒冷阴暗的深海地区。它下颌的须长而分叉，形似海藻，充当“触觉器官”。额头上的长须是一个发光器官，用来吸引猎物。

叉斑锉鳞鲀

拉丁学名：Rhinecanthus aculeatus
纲：硬骨鱼纲

叉斑锉鳞鲀颜色鲜艳，身体侧扁，背上和尾部长有刺，使捕食者不敢靠近。当被从水里取出时，它会发出明显的声音。叉斑锉鳞鲀在南亚地区也有分布。（另请参见第 46 页。）

大白鲨

拉丁学名：Carcharodon carcharias
纲：软骨鱼纲

大白鲨长有呈三角形且非常锋利的牙齿，用来撕咬猎物。如果任何一颗牙齿脱落，后排的牙齿（它有 4 ～ 6 排牙齿）就会移到前面来。大白鲨嗅觉非常敏锐，可以闻到很远地方一滴血液的气味，因而堪称捕食能手。（另请参见第 70 页。）

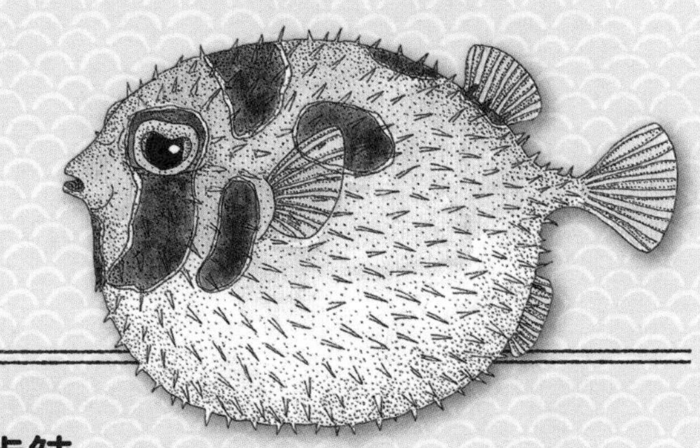

纹二齿鲀

拉丁学名：Diodon liturosus
纲：硬骨鱼纲

纹二齿鲀生活在印度洋的珊瑚礁岩之中，显著特征是焦虑时会吞食海水使身体鼓起来。受到压力时，它会像豪猪一样竖起身上的棘刺。它的体内有毒囊，因而具有毒性。纹二齿鲀棘刺较短；是众多刺鲀中的一种。

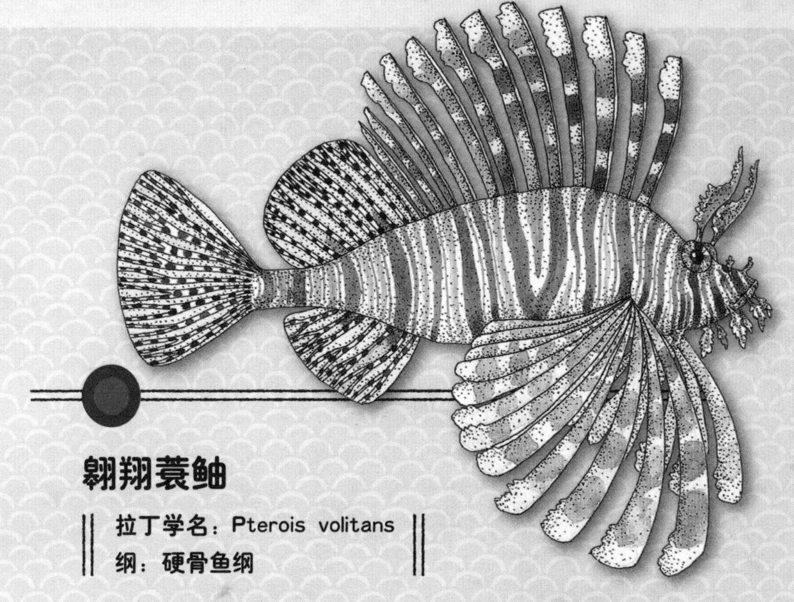

翱翔蓑鲉

拉丁学名：Pterois volitans
纲：硬骨鱼纲

尽管名叫翱翔蓑鲉，但这种生活在珊瑚礁岩中的鲉鱼是不会飞翔的。它的背鳍呈丝状分布，形似翅膀，有助于它将猎物逼进角落，然后再张开巨大的嘴巴来吞食。背上有毒的棘刺能起保护作用。

蓝灰扁尾海蛇（又称灰海蛇）

拉丁学名：Laticauda colubrina
纲：爬行纲

蓝灰扁尾海蛇身体呈蓝灰色并长有黑色圆环，非常善于游泳，扁平的尾巴能当作船舵。它经常回到陆地上产卵。蓝灰扁尾海蛇有剧毒。

湾鳄

拉丁学名：Crocodylus porosus
纲：鳄纲

湾鳄又称食人鳄，它的体型庞大，长达 5 ～ 7 米。生活在澳大利亚以及巴布亚新几内亚的红树群落与海湾附近。湾鳄可以长距离地游泳。雌鳄在陆地巢穴中产卵并会守在旁边。有些人为了获取鳄皮而捕杀湾鳄。

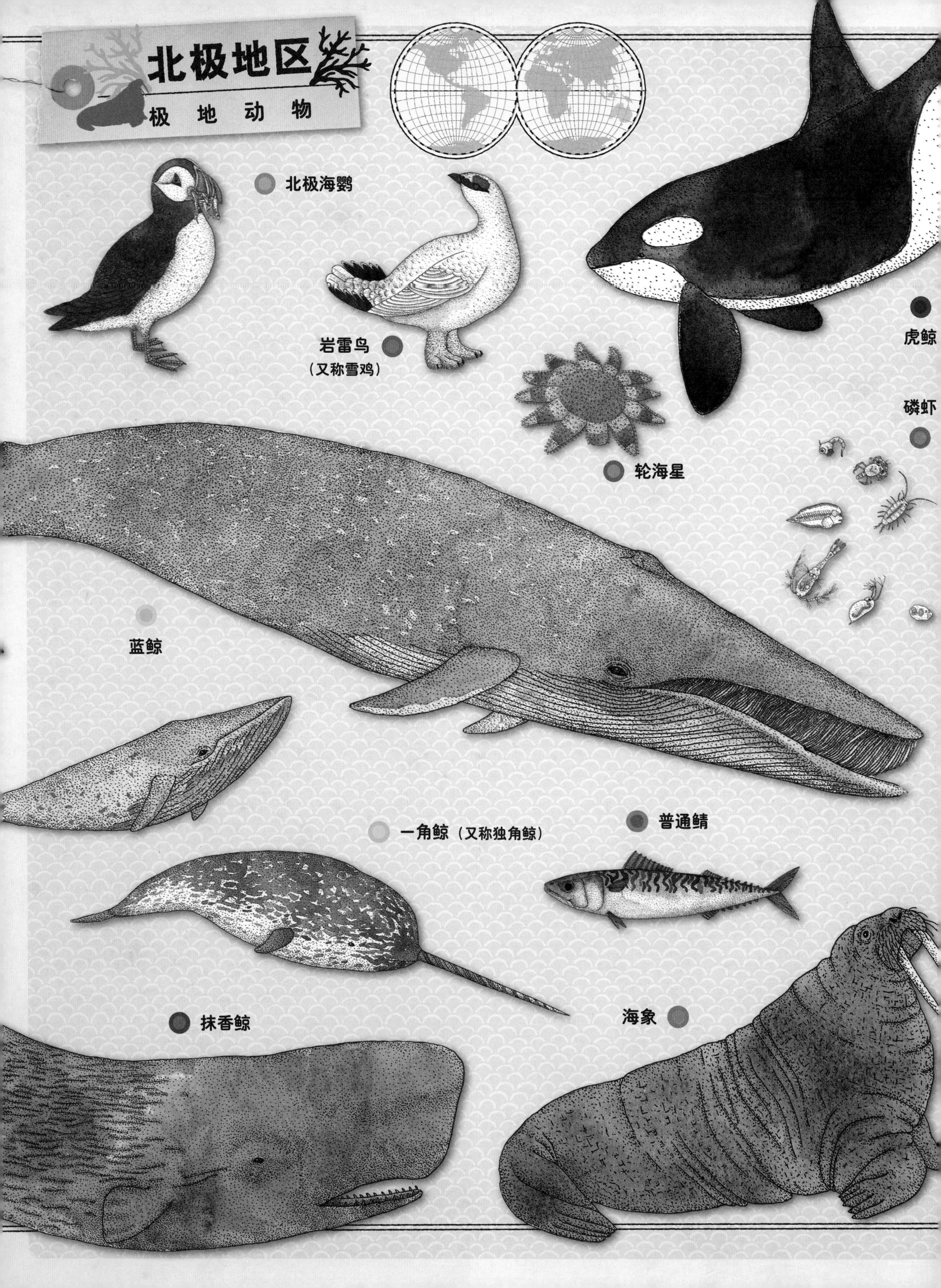
北极地区
极 地 动 物
北极海鹦
岩雷鸟
（又称雪鸡）
虎鲸
磷虾
轮海星
蓝鲸
一角鲸（又称独角鲸）
普通鲭
抹香鲸
海象

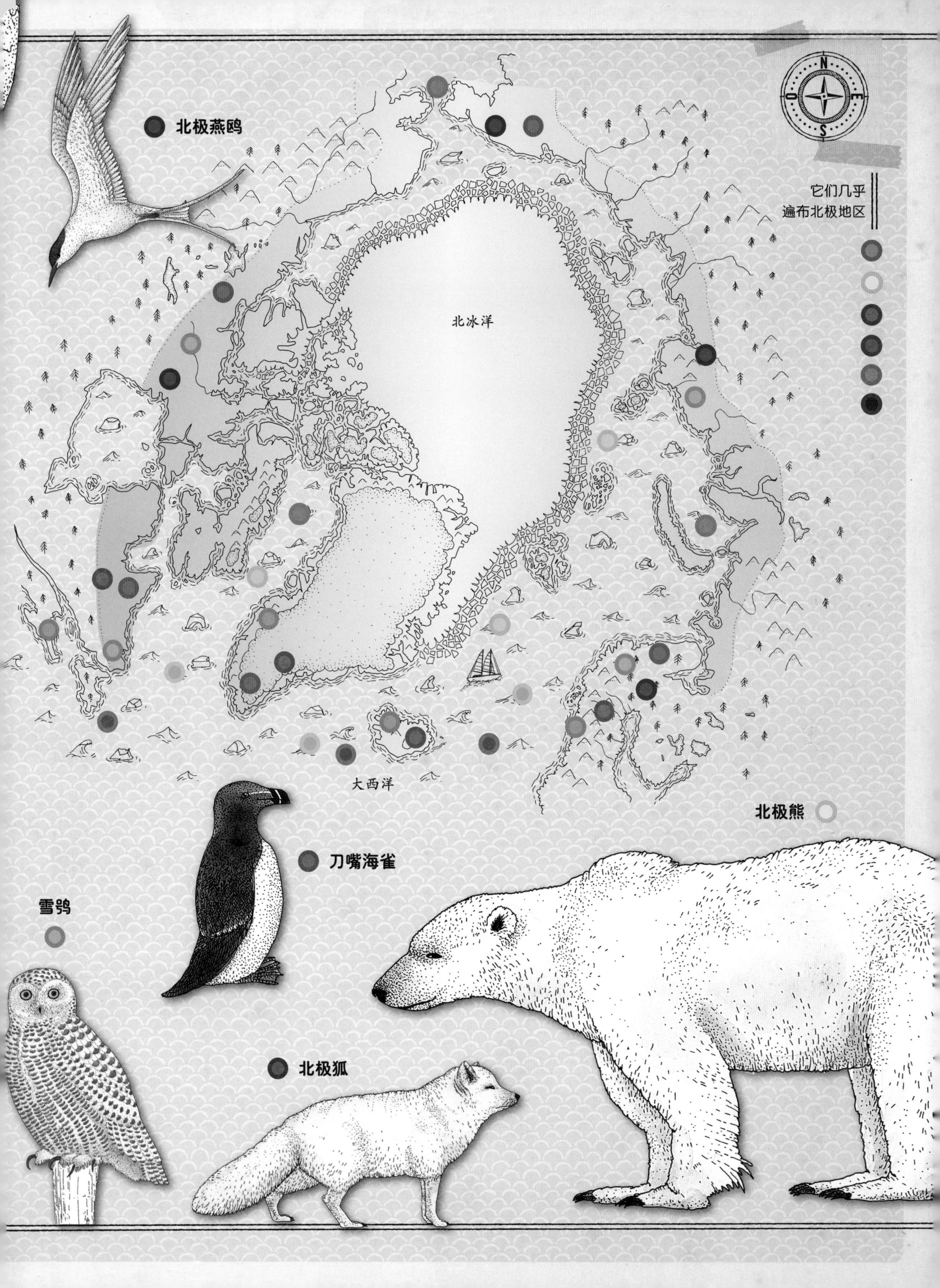
北极燕鸥
它们几乎
遍布北极地区
北冰洋
大西洋
北极熊
刀嘴海雀
雪鸮
北极狐

北极地区

极 地 动 物

北极狐

拉丁学名：Alopex lagopus
纲：哺乳纲

冬天，北极狐毛发浓密且呈白色，与浮冰同色，具有御寒作用。夏天，毛发呈棕色。

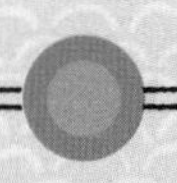

北极海鹦

拉丁学名：Fratercula arctica
纲：鸟纲

北极海鹦的拉丁学名意为“北极小修士”，因为黑白色的羽毛像极了修道士的衣服。它能潜入水下 15 米的地方捕鱼并直接吞食猎物。通常生活在北冰洋以及大西洋北部的外海海域，为了繁殖需要才回到海岸附近。（另请参见第 19 页。）

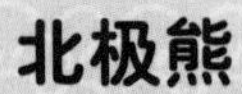

北极熊

拉丁学名：Ursus maritimus
纲：哺乳纲

北极熊为食肉熊类，是北极浮冰上的巨兽。在它雪白的毛皮下，隐藏着黑色的皮肤。北极熊借助略带蹼的脚掌成为游泳健将，它的主要猎物是海豹。

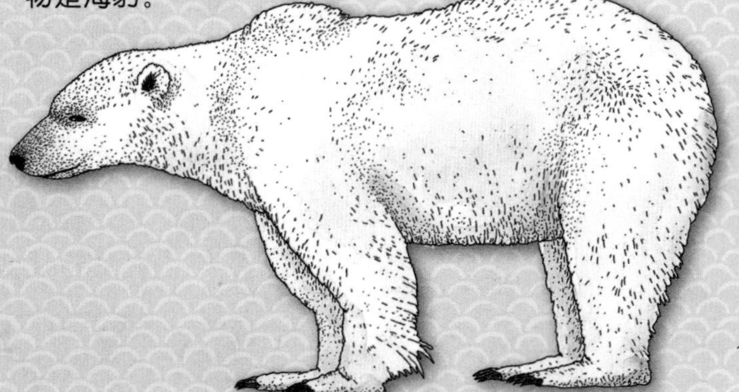

岩雷鸟（又称雪鸡）

拉丁学名：Lagopus muta
纲：鸟纲

岩雷鸟可以全年生活在北极圈以北的地区，这是它与其他南飞越冬的候鸟的不同之处。它的眼睛上面长有鲜红色的突出肉块，叫做“肉冠”。雄性的肉冠非常明显，而且会在繁殖期膨大起来。雌性也长有肉冠，但不明显。（另请参见第 15 页。）

北极燕鸥

拉丁学名：Sterna paradisaea
纲：鸟纲

北极燕鸥夏天生活在北冰洋海域，经常潜入海里捕鱼。冬天，它迁徙到南极地区。因此，它一年有八个月都在飞行！它是世界上迁徙路线最长的鸟类之一。（另请参见第 102 页。）

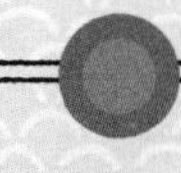

磷虾

拉丁学名：Euphausia
纲：软甲纲

磷虾为小型虾类，生活在寒冷水域里，与其他物种（如甲壳类、鱼类、软体动物类等）的幼体一起构成了海洋浮游生物群，它们是鲸类的主要食物。生活在北极的磷虾和生活在南极的磷虾种类各不相同。（另请参见第103页。）

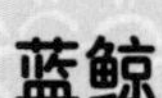

蓝鲸

拉丁学名：Balaenoptera musculus
纲：哺乳纲

蓝鲸体长可达 30 米，是已知的地球上体积最大的动物。这种须鲸生活在深海地区，但需回到海面进行呼吸：它是一种哺乳动物，因此长有肺！（另请参见第 102 页。）

一角鲸（又称独角鲸）

拉丁学名：Monodon monoceros
纲：哺乳纲

一角鲸没有背鳍，因而可在极地浮冰下面轻松地游来游去。喜欢集群生活。一角鲸比北极熊更加稀少，已是北极地区最濒危的物种。（另请参见第 34 页。）

轮海星

拉丁学名：Crossaster papposus
纲：海星纲

庞大的轮海星直径可达 35 厘米，一般长有 10 ～ 12 个腕。它的身上长满了明显的棘刺，主要以其他海星为食。

普通鲭

拉丁学名：Scomber scombrus
纲：硬骨鱼纲

年幼的普通鲭用鳃来滤食浮游生物。之后，它在夏天和秋天捕食小鱼，但在冬天游往南方时停止进食。（另请参见第 23 页。）

虎鲸

拉丁学名：Orcinus orca
纲：哺乳纲

虎鲸是一种长有巨大背鳍的齿鲸。这种捕猎能手常在海滩附近游来游去，伺机攻击企鹅和海狮。回到海里后，虎鲸会结队进攻其他种类的幼鲸。它们先将幼鲸与母鲸分开，再阻止幼鲸游到海面呼吸，使幼鲸窒息而死。虎鲸在南极地区也有分布。（请见第 102 页。）

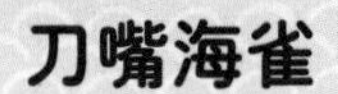

刀嘴海雀

拉丁学名：Alca torda
纲：鸟纲

刀嘴海雀短短的翅膀既有助于快速飞行，也有助于在北冰洋里游泳。它栖息在格陵兰岛：每年 4 月回到岛上，8 月则离开前往大海过冬。（另请参见第 66 页。）

雪鸮

拉丁学名：Bubo scandiacus
纲：鸟纲

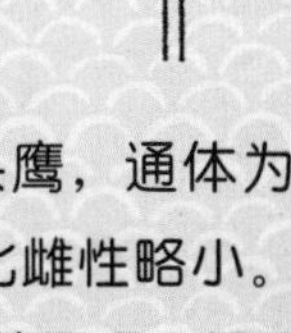

雪鸮是一种大型猫头鹰，通体为雪白色。体长可达 70 厘米，雄性比雌性略小。它的眼睛呈黄色，大小与人的眼睛差不多，但眼球不能转动，因此必须转动头部来观察外界。旅鼠是它的主要食物。遇到荒年，雪鸮会停止繁殖。雪鸮在北亚地区也有分布。（另请参见第 30 页。）

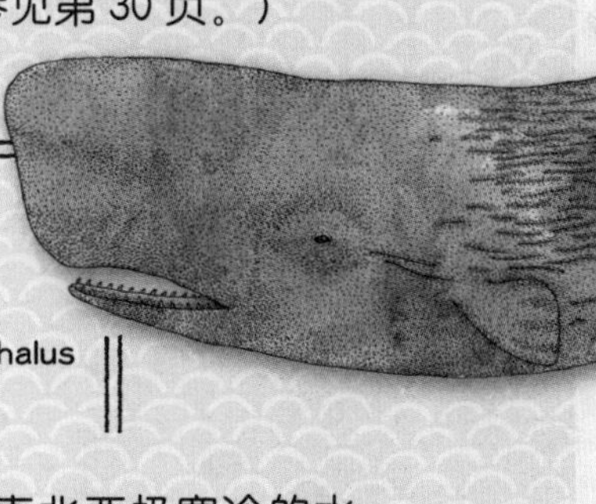

抹香鲸

拉丁学名：Physeter macrocephalus
纲：哺乳纲

只有雄性抹香鲸才会生活在南北两极寒冷的水域里。它以海鱼和乌贼为食。这种哺乳动物保持着水下 3000 米的屏息潜水纪录。（另请参见第 34 页和第 95 页。）

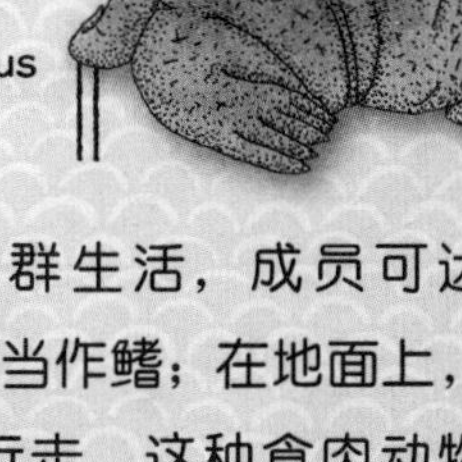

海象

拉丁学名：Odobenus rosmarus
纲：哺乳纲

海象栖息在浮冰上面，集群生活，成员可达 1000 只。在海水里，后肢被当作鳍；在地面上，后肢则向前折曲，来帮助行走。这种食肉动物用长长的獠牙来凿开冰层或攻击猎物！（另请参见第 35 页。）

南极洲
极 地 动 物
巨鹱
蓝鲸
lú cí
蓝眼鸬鹚
北极燕鸥
虎鲸
帝企鹅

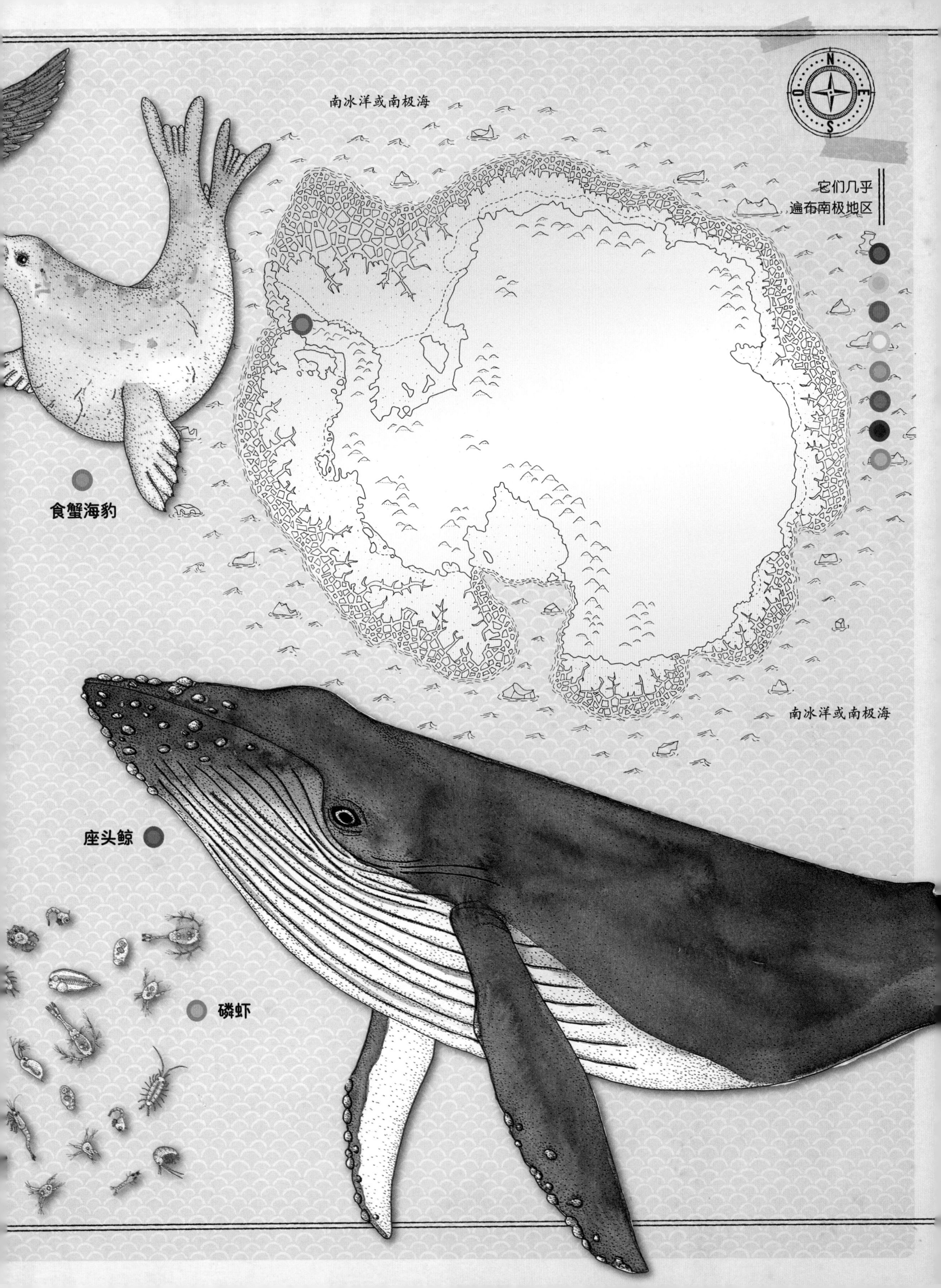
南冰洋或南极海
它们几乎
遍布南极地区
食蟹海豹
南冰洋或南极海
座头鲸
磷虾

南极洲

极　地　动　物

蓝眼鸬鹚

拉丁学名：Phalacrocorax atriceps
纲：鸟纲

蓝眼鸬鹚为大型海鸟，善于游泳，它的四个脚趾间有蹼，眼睛呈蓝色。冬天，蓝眼鸬鹚集群生活并在海上捕食。夏天则单独生活与捕食。

座头鲸

拉丁学名：Megaptera novaeangliae
纲：哺乳纲

体型庞大的座头鲸头上长满了突起，胸鳍长度达身躯的三分之一。座头鲸可以整个身体跳出海面，然后背脊朝下落入水中，溅起非常壮观的水花。还以其低沉的歌声而闻名，它可以持续歌唱好几天。夏天，座头鲸游往极地地区，寻觅食物。（另请参见第 71 页。）

巨鹱

拉丁学名：Macronectes giganteus
纲：鸟纲

巨鹱为候鸟，体长可达 92 厘米，嘴巴巨大，有助于撕开海豹与企鹅的躯体。其他鹱属鸟类在远海地区飞行并捕食。巨鹱在非洲地区也有分布。（另请参见第 54 页。）

食蟹海豹

拉丁学名：Lobodon carcinophaga
纲：哺乳纲

食蟹海豹身体长而灵活，游泳速度非常快：25 千米每小时。它的牙齿适合过滤食物，因而主要以磷虾为食。它只生活在南极及南极北端的海域里。

磷虾

拉丁学名：Euphausia
纲：软甲纲

磷虾为小型甲壳类动物，成群生活，是须鲸等动物的食物。（另请参见第 98 页。）

蓝鲸

拉丁学名：Balaenoptera musculus
纲：哺乳纲

可以通过布满褶皱的喉部来识别蓝鲸。当回到海面呼吸时，它会喷出高达 6～9 米的水柱。蓝鲸生活在深海地区，遍布在除地中海、红海以及波斯湾以外的世界各地海域。
（另请参见第 98 页。）

北极燕鸥

拉丁学名：Sterna paradisaea
纲：鸟纲

北极燕鸥头顶呈黑色，脸颊呈白色，每年进行两次世界上距离最长的鸟类迁徙：1.6 万千米。捕食时，它先在海面上空飞行，再潜入水里。尽管名叫北极燕鸥，但它会飞往南极地区越冬。（另请参见第 99 页。）

帝企鹅

拉丁学名：Aptenodytes forsteri
纲：鸟纲

帝企鹅是体型最大的企鹅，只生活在南极地区，不会飞行。帝企鹅常结伴在冰层上行走，凭借鳍状肢可潜入水下 400 米处觅食。帝企鹅是一种非常喜欢群栖的动物，往往一两万对企鹅成群一起生活。

虎鲸

拉丁学名：Orcinus orca
纲：哺乳纲

虎鲸是一种身体呈黑白两色的齿鲸。它是捕猎能手，常在海滩附近游来游去，伺机用巨大的尾巴击晕企鹅或海狮。（另请见第 98 页。）

动物索引

页码数字加粗如“**14**”
表示动物所在的地图的页码；

页码数字不加粗如“16”
表示对应的文字介绍所在的页码。

A

B

C

D

E

F

G

H

J

K

L

M

N

O

P

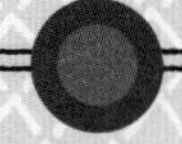

Q

R

S

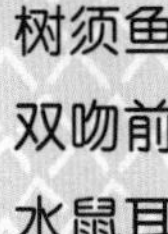

T

W

X

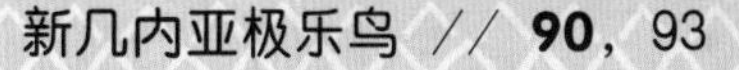

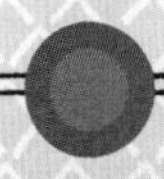

Y

Z